天然裂缝性碳酸盐岩油气藏非均质性表征及渗流特征分析

［墨］纳尔逊·恩里克·巴罗斯·加尔维斯
（Nelson Enrique Barros Galvis）著

陈怀龙　陈鹏羽　程木伟　史海东　邢玉忠　等译

石油工业出版社

内 容 提 要

本书立足于天然裂缝性碳酸盐岩油气藏开发过程中渗流机理，探讨了多孔介质中平面和非平面不连续体对流体流动的影响、碳酸盐岩储层分类方法、裂缝的力学特征变化规律、压力恢复响应特征以及相应的数学模型。特别是本书所提出的数学模型为识别流动特征和地层应力敏感效应提供了借鉴。

本书可供石油勘探开发工作人员，以及大专院校相关专业师生参考使用。

图书在版编目（CIP）数据

天然裂缝性碳酸盐岩油气藏非均质性表征及渗流特征
分析／（墨）纳尔逊·恩里克·巴罗斯·加尔维斯著；
陈怀龙等译. — 北京：石油工业出版社，2020.11
书名原文：Geomechanics，Fluid Dynamics and
Well Testing，Applied to Naturally Fractured
Carbonate Reservoirs
ISBN 978-7-5183-4244-0

Ⅰ.①天… Ⅱ.①纳…②陈… Ⅲ.①碳酸盐岩油气
藏-地质模型 Ⅳ.①TE344

中国版本图书馆 CIP 数据核字（2020）第 188566 号

First published in English under the title
Geomechanics，Fluid Dynamics and Well Testing，Applied to Naturally Fractured Carbonate Reservoirs：Extreme Naturally Fractured Reservoirs
by Nelson Enrique Barros Galvis
Copyright © Springer International Publishing AG，part of Springer Nature 2018
This edition has been translated and published under licence from Springer Nature Switzerland AG.

本书经 Springer 授权石油工业出版社有限公司翻译出版。版权所有，侵权必究。
北京市版权局著作权合同登记号：01-2020-7119

出版发行：石油工业出版社
　　　　　（北京安定门外安华里2区1号　100011）
　　　　　网　　址：www.petropub.com
　　　　　编辑部：（010）64523736
　　　　　图书营销中心：（010）64523633
经　　销：全国新华书店
印　　刷：北京中石油彩色印刷有限责任公司

2020 年 11 月第 1 版　2020 年 11 月第 1 次印刷
787×1092 毫米　开本：1/16　印张：8
字数：200 千字

定价：80.00 元

《天然裂缝性碳酸盐岩油气藏非均质性表征及渗流特征分析》

翻译人员名单

主要翻译： 陈怀龙　　陈鹏羽　　程木伟　　史海东　　邢玉忠

参与翻译： 钱　超　　冷有恒　　刘荣和　　李韵竹　　魏占军

张良杰　　蒋凌志　　李　铭　　张　李　　孔　炜

代芳文　　张文彪　　张立侠　　赫英旭　　高仪君

译者前言

天然裂缝性碳酸盐岩油气藏的勘探开发日益成为石油领域的重点，中国石油行业自1993年拓展海外业务以来，油气产量持续保持快速增长态势，其中碳酸盐岩油气田产量贡献功不可没，在碳酸盐岩油气藏开发方面积累了很多经验。但由于碳酸盐岩油藏储集空间类型多样、储层非均质性强，导致油气田开发策略优选难度较大。目前行业内针对碳酸盐岩油气藏储层类型划分、地质不连续体及裂缝描述表征方面的研究存在分歧。因此，如何进一步提高天然裂缝性碳酸盐岩油气藏储层描述精度以及明确不连续体及裂缝对产能的影响，已成为碳酸盐岩油藏高效开发的攻关重点，为此我们特编译了此书。

本书由墨西哥学者 Nelson Enrique Barros Galvis 所著，立足于天然裂缝性碳酸盐岩油气藏开发过程中的渗流机理，探讨了多孔介质中平面和非平面不连续体对流体流动的影响、碳酸盐岩储层分类方法、裂缝的力学特征变化规律、压力恢复响应特征以及相应的数学模型。特别是本书所提出的数学模型为识别流体流动特征和地层应力敏感效应提供了借鉴。

"十三五"期间，针对海外碳酸盐岩油气田开发设立了国家重大科技专项项目"丝绸之路经济带大型碳酸盐岩油气藏开发关键技术"，旨在全面提升中东地区和中亚地区碳酸盐岩油气田的整体开发技术水平。本书围绕碳酸盐岩油气藏渗流机理开展的研究，对拓展专项研究思路、提升研究水平具有很好的借鉴作用。

本书由中国石油勘探开发研究院从事海外油气田开发的专家翻译完成，旨在为提高开发中后期砂岩和碳酸盐岩油藏有限合同期内的采收率提供借鉴。本书于2020年6月底完稿，参加编译工作的主要成员有陈怀龙、陈鹏羽、程木伟、史海东、邢玉忠等。由于翻译人员的专业知识限制，书中难免存在不足、不当之处，欢迎广大专家、读者批评指正。

2020 年 7 月

序　言

　　本书避免采用传统常规的基于应用构造裂缝或平面不连续体理论的天然裂缝性碳酸盐岩油藏（NFCR）建模和开发方法，常规方法在未考虑诸如沉积角砾岩、溶洞、断层角砾岩和冲击角砾岩等非平面不连续体的情况下对油藏进行动态模拟，事实上把这些非平面不连续体简单地假设为构造裂缝，会造成储层表征的混乱和矛盾。本书工作的一个创新之处就是利用地质证据、数学运动学模型和计算机层析成像技术明确了不同类型的不连续体。

　　另一方面，天然裂缝性油藏必须综合动态、静态参数，在识别和评价主要的不连续体的基础上进行分类，也就是说，不连续体的连通性和流体流动特征是天然裂缝性碳酸盐岩油藏分类的基本条件。本书提出了一种新的天然裂缝性碳酸盐岩油藏分类方法。之前的研究还表明，各种类型不连续体在不同类型的油藏静态模型和动态模型中表现出各自的地质特征和流动模式。

　　地质力学模型描述了应力敏感油藏中由于流体流动造成压力变化而引起的岩石变形。本书把主要精力和焦点放在了得出一个解析耦合方法上，它使用数学变换来求解扩散方程中的非线性项。利用纳维尔·斯托克斯（Navier-Stokes）方程的精确解和科尔·霍普夫（Cole-Hopf）变换，分析了在无限大油藏中恒定流量条件下非线性梯度项对单相（油）流体径向流动的影响。

　　此外，本书利用岩石力学理论来证明裂缝介质中的流体流动和压力变化是如何导致天然裂缝坍塌的，并得出了与导流裂缝有关的所有物理变化公式。

　　本书所得出的解释和数学模型可以作为诊断工具，对天然裂缝性碳酸盐岩油藏在应力敏感和非应力敏感情形下的流体速度、流体流动特征、构造裂缝坍塌和储层衰竭过程中的压力动态变化进行了预测。另一个值得特别注意的方面是，本书采用油藏的现场数据来描述真实的油藏结构（构型），因为我们的主要目标就是对天然裂缝性碳酸盐岩油藏的客观现象进行数学描述。本书中所有方程均采用耦合方法求解，并得到了验证和应用。

　　本书的主要创新之处在于最后得出了解析解，并利用静态参数和动态参数对天然裂缝性碳酸盐岩油藏进行了分类。考虑到扩散方程中的非线性项，这些解通过其压力特征证明了不同类型不连续体的存在、构造裂缝的力学特征、储层的应力敏感和非应力敏感条件。

费尔南多·萨曼尼戈·威

于墨西哥墨西哥城

2017 年 4 月

前　言

　　常规的天然裂缝性碳酸盐岩油藏的建模和开发一般是采用传统的构造裂缝理论或平面不连续体来实现的，并且，它们是在未考虑非平面不连续体（如沉积角砾岩、溶洞、断层角砾岩和冲击角砾岩）的情况下对油藏进行动态模拟。这些研究中均假设所有非平面不连续体为构造裂缝，因而造成储层表征的混乱和矛盾。本书的创新之处在于利用地质证据、数学运动学模型和计算机层析成像技术来展现各种类型不连续体。

　　另一方面，天然裂缝性油藏必须综合多方面的动态、静态参数，在识别和评价主要不连续体的基础上进行分类。也就是说，不连续体的连通性和流体流动特征是天然裂缝性碳酸盐油藏分类的基本条件。本书提出了一种新的天然裂缝性碳酸盐岩油藏分类方法。此外，各种类型不连续体在不同类型油藏静态模型和动态模型中表现出各自的地质特征和流动模式。

　　地质力学模型描述了应力敏感油藏中由于流动造成压力变化而引起的岩石变形。文献中有几种类型的耦合方法，主要是迭代耦合和完全耦合方法。本书的重点是得出一个解析耦合方法，它使用数学变换来求解扩散方程的非线性项；使用纳维尔·斯托克斯方程的精确解和科尔·霍普夫变换，分析了在无限大油藏中恒定流量条件下非线性梯度项对单相（油）流体径向流动的影响。

　　此外，本书利用岩石力学理论来证明天然裂缝是如何因为裂缝介质内的流体流动和压力变化而坍塌的。本书得到的公式涵盖了与具有导流能力的张开裂缝有关的所有变化。

　　本书所得出的解释和数学模型可以作为诊断工具，对天然裂缝性碳酸盐岩油藏在应力敏感和非应力敏感情形下的流体速度、流体流动、构造裂缝坍塌和储层衰竭过程中压力动态进行了预测。另一个值得特别关注的方面是，本书采用油藏的现场数据来描述真实的油藏结构（构型），因为我们的主要目标是对天然裂缝性碳酸盐岩油藏真实现象学进行数学描述。本书中所有方程均已通过耦合方式求解，并已得到验证和应用。

　　本书的主要创新之处在于研究最后得出了解析解，并且使用静态参数和动态参数对天然裂缝性碳酸盐岩油藏进行了分类。考虑到扩散方程中的非线性项，这些解证明了不同类型不连续体的存在、构造裂缝的力学特征、储层的应力敏感和非应力敏感条件以及压力特征。

目　　录

1 绪　　论

　　尽管在 100 多年前就已经开始研究碳酸盐岩油藏中的开发问题，但该类油藏仍存在的油气生产挑战一直是人们研究的热点。这些具有不连续体和非均质体的油藏一直是研究工作中的巨大挑战，因为它们是一个由互相依赖的变量组成的复杂系统，需要深入了解。此外，这些碳酸盐岩油藏蕴藏着世界上最大的石油储量，同时它们中的可采储量也是最高的。

　　如何在天然裂缝性油藏中实现最大采收率是另一个重大问题。因此，本书研究的问题包括：如何描述碳酸盐岩油藏中相连的裂缝以及它们是如何连通的？从地质和流体动力学角度看，裂缝是否能完全代表碳酸盐岩油藏中的所有不连续体？最后，碳酸盐岩油藏压力衰竭过程中裂缝何时会闭合？在已有的文献中，有许多油田报道关于石油开采期间和之后闭合裂缝的实例，如埃科菲什油田和瓦尔霍尔油田，在此类裂缝中出现剩余油富集及导致原油产量下降现象（Cook 和 Jewell，1995；Hermansen 等，1997）。

　　本书的假设是基于能否建立一个集成流体力学和地质力学的解析耦合模型，来确定应力系统及其在油藏生产过程中压力变化对裂缝开启和闭合的影响。为了实现这一假设，有必要将碳酸盐岩油藏的天然裂缝视为一个动态系统来研究油藏的岩石、流体动力学和地质力学特征。

　　本书的主要目标是提出并建立一个考虑地应力和流体流动的解析耦合模型，以天然裂缝为重点研究对象，优化碳酸盐岩油藏开发方案，从而实现生产优化。为了实现这一基本目标，描述油藏衰竭过程中的裂缝系统动力学，建立碳酸盐岩油藏孔隙压力与局部应力相互作用的数学模型就具有非常重要的意义。

1.1　存在的问题

　　碳酸盐岩油藏可能包含各种类型的不连续体，如冲击角砾岩、沉积角砾岩、坍塌角砾岩和断层角砾岩，构造裂缝，溶洞甚至洞穴。不连续体在碳酸盐岩储层流体流动中起着至关重要的作用。这些不连续体就像是原油向井流动的主要通道，其"开度"的微小变化都可能导致渗透率和原油生产速度发生较大变化。由于岩石可发生形变，不连续体的变形可能对储层压实作用产生很大影响。这些疏导系统在碳酸盐岩油藏开发中可能起着十分重要的作用。

　　本书以不连续体为研究对象，以防止不连续体崩塌为主要目标，提出一套先进的油藏开发策略，避免流体流动造成的负面影响。为了实现这一目标，将地质力学、试井和流体力学集成在一起进行跨学科综合研究。这在天然裂缝性碳酸盐岩油藏的开发管理中发挥了作用，但从模拟和建模的角度来看尚未引起重视。

1.2 研究方法

实现本书研究目标需要不同领域的专业知识。因此，耦合解析模型的建立需要多学科和跨专业协同工作。将地质力学、地质学和流体动力学相结合，有助于建立耦合模型的物理公式（图1.1）。这样，问题的现象学描述就可以既简洁优美，又相对容易很多，最终建立一个耦合解析模型。理论上讲，碳酸盐岩油藏孔隙压力变化、裂缝的开启和闭合、地应力和流体流动可以包含在一个简单的数学问题中。然而，在实践中，如果不充分考虑地质背景和深入了解油藏，就很难建立一个能反映地下真实现象的模型。

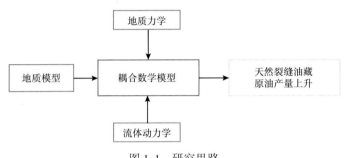

图1.1 研究思路

认识岩石特征意味着需要对油藏进行解剖，了解地质事件并置关系，量化静态变量和动态变量。岩石研究首先检查静态模型结果，确定其特征、岩石类型、岩相学特征和X射线分析的结果等。此外，可以使用测井、岩心和层析成像技术对油藏的不连续体进行描述。

流体动力学涉及流体流动运动学和试井。尽管有许多局限性，但它描述了油藏的生理结构特征[1]。本书通过速度势来求解流体运动学问题。利用生产和试井资料描述油藏的动态特征及其与地质事件的相互作用。

地质力学是研究储层中最终趋向于平衡的各种作用力和反作用力的规律。通过测井、室内实验和漏失试验（LOT）来确定力学性质和地应力，主要研究油藏降压开采期间的应力路径。

对石油和天然气工业而言，我们的目标是增加油气产量，因此，本书可以被视为有助于实现油气工业伟大目标的工具。

1.3 研究范围

本书研究过程中，旨在对油藏衰竭过程中开启裂缝的流动特征进行建模和研究。应力和压力对多孔介质变形的影响仅限于以下情形：

（1）单相油流。

（2）使用解析模型。

（3）使用实验室和试井的数据进行验证。

（4）与天然裂缝性碳酸盐岩油藏有关。

---

❶ 油藏解剖学和生理学是从笔者的导师赫伯·辛科·雷博士那里学到的词汇。

1.4　本书提纲

接下来的章节中，将详细讨论研究工作。为了能更好地理解所取得的进展和成果，每章包括文献综述、讨论、应用和参考文献等内容。书中的公式符号都采用国际单位制（SI），在某些特定情况下采用了油田单位。本书的组织结构如下：

（1）第2章，碳酸盐岩油藏中的现象学和矛盾说明存在不同类型的不连续体。考虑地质证据、数学运动学模型和层析成像技术识别出不同类型的不连续体，并对其进行描述。

（2）第3章，碳酸盐岩油藏的静态和动态分类，包括现场应用和验证过的碳酸盐岩油藏分类方法。本章讨论了不同类型的碳酸盐岩油藏及其与产量和其他动力学变量的关系。

（3）第4章，非应力敏感天然裂缝性碳酸盐岩油藏解析模型，包括建立碳酸盐岩油藏流体流动数学模型，并进行应用和验证。

（4）第5章，应力敏感天然裂缝性碳酸盐岩油藏解析模型，提出了应力敏感天然裂缝性碳酸盐岩油藏数学模型，并对其进行应用和验证。

（5）第6章，将韦斯特加德解应用于天然裂缝性油藏，形成了油藏中拉伸和剪切型天然裂缝的裂缝力学模型。这些模型被用作油藏衰竭开采过程中的预测模型。

（6）第7章，在石油工业中的潜在应用和影响，本书可以作为一个有益于石油工业的工具，并揭示了一些在商业模拟器中需要加以考虑的问题。

（7）第8章，结论与建议部分，对本书进行总结，并指出未来研究的几个方向。

（8）图6.7放大并包含在第6章的附录中。

参 考 文 献

Cook, C. C., & Jewell, S. (1995). Reservoir simulation in a North Sea Reservoir experiencing significant compaction drive. Paper SPE 29132 Presented at the 13th SPE Symposium on Reservoir Simulation held in San Antonio, TX, 12−15 February.

Hermansen, H., Thomas, L. K., Sylte, J. E., & Aasboe, B. T. (1997). Twenty five years of Ekofish reservoir management. Paper SPE 38927 Presented at the 1997 SPE Annual Technical Conference and Exhibition held in San Antonio, Texas, 5−8 October.

2 碳酸盐岩油藏现象学与矛盾

1972 年，Neale 和 Nader 用蠕变的纳维尔·斯托克斯方程和达西公式描述了均质、各向同性多孔介质中的渗流动力学特征。Koenraad 和 Bakker（1981）提出了基于地质信息对裂缝/溶洞、崩塌角砾岩和角砾岩岩溶进行的理论研究。Wu 等（2011）提出了由物质平衡方程、达西公式和福希海默方程以及哈根–泊肃叶管流组成的多孔介质油藏多相和单相流动数值模型。Mckeown 等（1999）为塞拉菲尔德（Sellafield）开发了一个地下水流动数值模型，在该模型中他们将达西公式应用于孔隙度在 1%~10% 的石灰岩储层中，对布罗克拉姆断层角砾岩水文地质进行模拟，并得出了水力传导率的范围。Gudmundsson 用达西公式研究了角砾岩和断层的流体流动特征。

这些复杂的石灰岩油藏与地质事件（构造裂缝、沉积角砾岩、冲击角砾岩、溶洞和断层角砾岩）有关，且这些地质事件需要从动力学和地质学角度进行理解，以便正确地推导出描述流动特征的解析模型。世界上相当一部分油藏是在碳酸盐岩中发现的（Wenzhi 等，2014；Manrique 等，2004）。由于油藏中油气流动的影响，早期识别石灰岩中占主导地位的地质不连续体类型是油藏提前开发以及高效开发的关键问题之一。

石灰岩碳酸盐岩油藏流体流动现象取决于不连续体类型，相互连通的不连续体至少与成岩作用、构造历史和岩性等有关。一个关键的概念是，平面或非平面的不连续体在采油过程中会形成不同的流动响应特征。此外，石灰岩碳酸盐岩油藏建模以及造成的混乱，是与引发矛盾的平面不连续体即构造裂缝网络联系在一起的。当基于等效流动介质时，产生非平面不连续体的过程通常被忽略了，因此模型不能代表油藏的实际情况。一个著名的例子是坎塔雷尔油田，它是世界第八大油田，位于墨西哥尤卡坦半岛坎佩切海峡，油藏含有裂缝、角砾岩和溶洞（Grajales 等，1996；Murillo-Muñetón 等，2002；Levresse 等，2006）。该油田采用构造裂缝网络建模，没有考虑溶洞、断层和冲击角砾岩以及大洞穴等非平面不连续体（Rivas-Gómez 等，2002；Manceau 等，2001；Cruz 等，2009），实际上是使用这些构造裂缝来代表所有类型的不连续体。

本书旨在论证构造裂缝、断层角砾岩、沉积角砾岩、溶洞和冲击角砾岩之间的定性和定量差异如何影响碳酸盐岩油藏的开发策略和提前开发部署。本书假设认为碳酸盐岩油藏中所有的不连续体都是各不相同的，如果不知道它们的成因和不连续体对油藏的影响，或者只关注流体流动，就不能将它只称作构造裂缝并进行分析。为了证明这一假设，弄清了岩石的性质，并使用地下地质类比（露头）、岩心分析、计算机层析成像和解析模型，以及利用流体动力学等多种方法来研究。

沉积角砾岩与泥石流有关。艾弗森（1997）发表的泥石流物理学分析了干燥、颗粒状的固体和固液混合物的流动特征，并通过动量，质量和能量平衡描述了颗粒的特征。伊诺斯描述了墨西哥波扎—黎加油田塔玛布拉石灰岩中的碎屑储层和沉积角砾岩，该油田的孔隙度为 3.7%~9.7%，渗透率为 0.01~700mD，深度在 1980~2700m，截至 1983 年 7 月累计产量为 19.8×10⁸bbl。世界上有很多与冲击角砾岩相关的油藏，最著名的则是位于墨西哥尤卡坦平台坎佩切湾坎塔雷尔的 KT 油藏，它与奇克苏鲁布（Chicxulub）冲击有关（Urrutia-Fucugauchi，2013）。Mayr 等（2008）从流体流动的角度来研究，使用核磁共振技术、科泽尼—卡尔曼（Kozeny-Carman）方程和分形 PaRis 模型估算了与奇克苏鲁布撞击坑相关岩石的渗透性，最终得出的渗透率较低。

2.1 第一个矛盾：是构造裂缝还是非平面不连续体

遗憾的是，无论不连续体是平面的还是非平面的，都把它们当成是天然裂缝。含有不连续体的油藏通常认为是"天然裂缝性"油藏，在油藏模拟时也造成混淆。本书从以下几个方面展开讨论：裂缝一词源自拉丁语"fractus"，意思是"破裂"，其定义如下。

"天然裂缝是宏观的平面不连续体，是由于应力超过岩石的破裂强度而造成的"（Stearns 和 Friedman，1972；Stearns，1992）。

"储层裂缝是由于变形或物理成岩作用而在岩石中自然形成的宏观平面不连续体"（Nelson，2001）。

"裂缝是任一平面或次级平面的不连续体，在一个维度上与其他另外两个维度相比非常窄小，它是由于受到外部（如构造）或内部（热力或残余的）应力而形成的"（Fossen，2010）。

这些定义一致认为，裂缝是岩石受到应力和变形作用形成的，机械成岩作用在埋藏过程中通过压实作用使岩石体积缩小。天然构造裂缝是否是应力和机械压实作用的结果，为什么把沉积角砾岩、冲击角砾岩、断层角砾岩和溶洞也认为是天然裂缝，而不考虑这些地质事件的成因呢？这是第一个矛盾。

在石灰岩储层中观察到的不连续体有平面的或非平面两种。图 2.1 中的石灰岩储层岩心观察表明，该岩心中有一条倾斜的平面天然裂缝；它是石油流动的优势通道；由于岩石上的应力作用，裂缝首先在最容易破坏的（低内聚力）平面上发育。尽管岩心保存得很差，但天然裂缝开度呈现出增大的趋势，这是正常的现象。

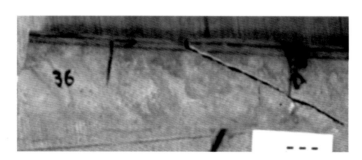

图 2.1　墨西哥塔巴斯科州撒玛利亚—卢纳地区下白垩统含平面构造裂缝的石灰岩岩心

然而，许多油藏通常含有由成岩作用形成的非平面不连续体。由于地层中水的排出会使岩石发生溶解，岩溶过程（化学成岩作用）会产生溶洞、洞穴和碎屑物溶解。这种不连续体都会影响流体流动，并通过孔隙形成一个相互连通的系统。图 2.2（a）所示的枝状体可以作为流动屏障，因为这些碎片尚未破碎或溶解。此外，图 2.2（b）显示了由于化学成岩作用而形成破碎枝状颗粒的灰岩岩心，其产生了次生孔隙和渗透性，连通了整个孔隙系统（原生孔隙和次生孔隙）。

油藏工程师将不连续体视为一种孔隙类型,无论其来源或成因如何;将构造裂缝视为影响流体流动的构造不连续体(Alhuthali 等,2011)。因此,与角砾岩相关的不连续体或非均质性(如溶洞、构造裂缝和孔隙度)可以用等效介质理论来表征(Lee 等,2003)。在这种情况下,"所有不连续体都被认为是构造裂缝",无论其成因如何,这会造成描述混乱。当比较图 2.1 和图 2.2 时,可以推断在不同的介质中,油流具有不同的速度。从建模的角度来看,油藏中的平面或非平面不连续体应与其成因和流体流动特征相联系,来进行石灰岩系统的现象学研究。

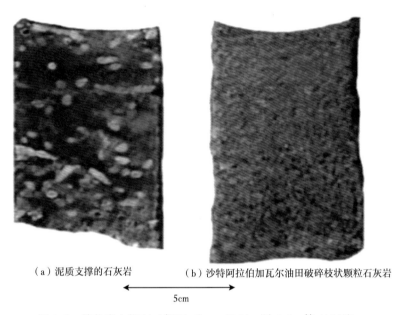

(a)泥质支撑的石灰岩　　　　(b)沙特阿拉伯加瓦尔油田破碎枝状颗粒石灰岩

5cm

图 2.2　枝状岩心切面(据 Voelker,2004,图 6.7,第 115 页)

2.2　第二个矛盾:不同类型的不连续体如何影响流体流动

尽管油藏存在不同类型的不连续体,如构造裂缝、溶洞、洞穴、崩塌角砾岩、沉积角砾岩、断层角砾岩和冲击角砾岩,但在瞬态压力分析和油藏模拟中,它们都被视为裂缝或裂隙。因此在油藏中用具有方向、密度或频率等属性的特定几何形状的面来表示这些不连续体,并赋予其流体动力学特性。本书是基于开启的和连通的不连续体来展开研究的。

不连续体明显对油藏中的流体流动造成影响。然而每一个不连续体都会产生特定的油气流动特征,特别是在石灰岩储层中,因此了解它们对于正确研究其对油藏生产动态的影响是至关重要的。

对于不连续体的现象学研究从其几何学形态上开始。原则上,一个平面几何体的流动特征使用构造裂缝层流条件下的抛物线型流动速度剖面来描述;流体速度与不连续体的孔径和粗糙度有关,而孔径和粗糙度又与渗透率有关。压力分布的变化是由于摩擦、迂曲度、复杂的连通系统及窜流引起的。这种现象同样也存在于构造裂缝中。

非平面不连续体由于具有高油流速度和存在非均质介质,其流动特征表现为非抛物线型流动速度剖面。流体的高流速与不连续体的几何形态、形状、孔径、粗糙度、直径以及不连续体的分布、不规则表面和压力直接相关。在有溶洞和洞穴的情况下，它们的直径或孔径都很大，会产生高渗透带或形成超高产能通道。

不连续体（平面或非平面）可以通过与几何结构相关的可见地质特征来描述，特别是横截面流动面积 A，它对流体流动有直接的影响。可以用流量公式 $q = Au$ 来理解。非平面不连续体的面积比平面不连续体的面积大。实际上，流量增加是因为孔隙可能是相互连通的，它们的孔径尺寸因溶解作用而增大。此外，当流动面积增大时，油流速度 u 也随之增大。这一点将在本书中用解析模型加以证明。此外，将溶洞和洞穴与构造裂缝相比较，可以发现它们的渗透率更大。总之，平面不连续体（裂缝）中的流体流动不同于非平面不连续体（溶洞、角砾岩和洞穴）中的流体流动。考虑到流体动力学是存在质量和动量传递过程的几何结构或流动区域的固有特性，因此每个不连续体中的油流都有其独特性，不能视为传统意义上的裂缝，这是第二个矛盾。通过对石灰岩油藏中动态和地质差异的认识和比较，可以对流体流动特征有更加准确的把握，并得出其最佳的油气开采方案。

尽管不连续体会产生高度非均质性和各向异性的系统，但复杂的油藏会显示出不同类型的地质特征；生产和压力特征可以识别出主要的不连续体，并且，为了使建立的模型更加合理，应考虑到它们在某些情况下会起到封堵或者阻碍流动的作用。

但是，在进行非稳态压力试井和油藏动态模拟之前，有必要利用岩心、露头、地震、测井、层析成像、压力剖面、产量以及描述油藏流体流动的数学模型，对这些不连续体进行表征，并在地质和流体流动特征之间确立收敛性。

过去把所有类型不连续体都简单地称为裂缝，现在越来越难以忽视不同类型不连续体之间的差异。因此，需要对不连续体现象学进行明确的阐释。

2.3 油藏和露头的流动解析模型类比

基于露头类比研究的储层明确了井间尺度上的几何形态和非均质性，并描述了储层特征（McMechan 等，1997）。为了对油藏进行表征，采用露头来类比地下储层模型，研究与储层和露头岩石相关的地质参数（孔隙度、渗透率和非均质性）（Pringle 等，2006）。

露头是在地下地质条件形成，幸运的是，它们已经暴露于地表，可以用它来描述具有类似特征的储层。在本书中，使用露头来了解每一个不连续体（溶洞、角砾岩和裂缝）的物理特性，并使用层析成像了解流体是如何在岩石中流动的。在对岩石进行深入研究之后，建立了一个解析模型。

2.4 构造裂缝的地质特征和层析成像特征

石灰岩储层是构成盆地的一部分。构造裂缝是储层中的平面不连续体。一般来说，裂缝的成因是由于构造作用，并与局部褶皱、断层或区域构造系统有关（Stearns 和 Friedman，1972）。裂缝有不同的类型：剪切裂缝或滑动面、拉张裂缝（如节理、裂隙和纹理），以及收缩或闭合裂缝（如缝合线）（Fossen，2010）。张开缝可以充当水力传导介质，这会影响储层的产能。

虽然在碳酸盐岩岩心中观察到构造裂缝，但由于其脆性较大，很难获得完整的岩心（图 2.1）。构造裂缝面具有张开状、变形和矿物充填三种形态。尽管发生了变形，但很明显，构造裂缝是平面不连续体，可以储存和生产油气。在露头中，对这些裂缝研究，可以解释古应力场（图 2.3）。此外，这些位于地表的地质系统可以在油藏表征时用作类比模型。在图 2.3 中，可以观察到不同类型的天然裂缝。图 2.3 显示了由于岩石受到古应力作用而形成不同的平面裂缝系统，并且可观察到每条裂缝都有其开度，这些裂缝可能是相互连通的、倾斜的、平行的、正交的、开启的或闭合的。在地质时期，这个露头埋藏在地下，如今暴露在地表中。

图 2.3　加拿大含构造裂缝系统的露头

X 射线计算机层析成像扫描（CT）是一种无损技术，它可以显示岩石内部结构，其主要由密度和原子组成的变化决定（Mees 等，2003）。CT 的一个显著优势是可以对岩石内部的裂缝形态进行描述。这意味着，开启的裂缝可视为具有特定物理特征的平面不连续体。因此，构造裂缝的主要参数是裂缝开度。裂缝开度与渗透率、抛物线型流动剖面、最大流速、平均流速以及流量有关。

有一项研究利用流动方程（Baker，1955）说明了（裂缝）宽度或孔径大小如何影响裂缝的渗透率。其结果表明，缝宽为 0.25mm 的单条裂缝的渗透率与 188m 的不含裂缝岩石的渗透率相当，平均为 10mD；而缝宽为 1.27mm 的裂缝则与 173m 的无裂缝岩石的渗透率相等，该值达 1000mD。

CT 可用来显示岩石内部裂缝并确定裂缝形态。未发生溶解或无可见不连续体的可用的钙质岩心可视为无裂缝的基质岩石。在许多情况下，可以通过 CT 观察到狭窄的次级平面裂缝，或者在岩心内部结构的密度显示出变化的情况下，可以推断出这种类型裂缝。

对一块长 15.9cm、直径 10cm 的石灰岩储层岩心样品，以 3mm 间距进行扫描（图 2.4），结果表明，岩石含有较窄的次级平面裂缝。裂缝具有开启、变形或矿物填充的特征。在图像 16~21 中可以看到开度大的开启裂缝；在图像 30~42 中可以观察到其他类型裂缝，但开度较小。此外，对岩心进行目视检查时，没有观察到任何可能连通的裂缝（图 2.4 中的图像 30~53）。但油气能在这些开度为 1~2mm、长度有限的裂缝中间进行流动，因为裂缝与岩石中的空间相连通，它们也是有效的孔隙。

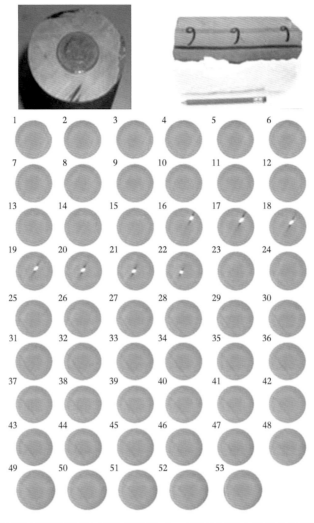

图 2.4　墨西哥塔巴斯科州下白垩统撒马利亚—卢纳地区下白垩统的石灰岩岩心扫描图

暗色阴影与低密度有关，白色与高密度区域有关，含有明显的宏观裂缝

2.5　构造裂缝的流动速度剖面解析模型

流体流动由速度矢量场和压力标量场来定义。为了理解渗透率对裂缝中流体流动的影响，分析了流体流动方程和流体运动方程。流体运动方程适用于等温、低黏度、无旋和单相流体流动情形，也称为势流和流函数。运动方程的适用性受限于雷诺数 Re 的数值，而不是完全一致，因为无黏性流体流动理论适用于高流量值和小流体黏度情况。钙质储层的非均质性可能会产生高速流动。

在较大的雷诺数下，建议使用最小黏度的牛顿流体和气体的运动方程。

流体运动方程使用流线和势函数描述流体相对于平面的流体运动，而流动方程则用流体力学中的经典方法描述裂缝开度、压力、速度和流量之间的密切关系。在这种情况下，对于构造裂缝，流体流动的运动学将显示每个不连续体流动路线的独特特征［图 2.5（a）］。流体力学中的经典方法是通过平行板间速度分布的解析模型来说明（Potter 等，2012）。图 2.5（b）为两个相对于 x 轴对称的倾斜平行面。图中所示为密度恒定、流体不可压缩的稳态流；流体沿 x 方向运动，流速沿 y 方向分布；压力变化是关于 x 的函数，表面延展范围大于裂缝开度。

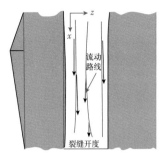
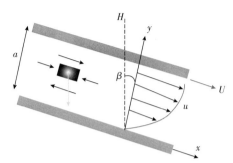

（a）张开裂缝中的流线（俯视图）　　　（b）两个倾斜的平行面之间的流动剖面（侧视图）

图 2.5　构造裂缝中流体流动的俯视图和侧视图（据 Potter 等，2012）

图 2.5 显示了用两个固定的倾斜平板模拟的开启裂缝的俯视图和侧视图。图 2.5（a）展示了平直的流线，图 2.5（b）显示了抛物线型流动速度剖面。本书应用了天然裂缝的库埃特流动精确解，从而得出描述天然裂缝流动剖面的特解。当平板移动时，系统可以理解为压力敏感系统（采用库埃特流动方程）。固定平板可以理解为应力不敏感系统（采用泊肃叶方程）。因此，库埃特方程是关于泊肃叶方程的一般情况。

单相牛顿流体在裂缝性岩石中的流动由纳维尔·斯托克斯方程控制（Witherspoon 等，1980；Zimmerman 和 Yeo，2000）。为了简化讨论，将考虑"一维"裂缝，并使用称为库埃特流动的纳维尔·斯托克斯方程精确解。波特等（2012）对平板间层流进行了详细讨论。纳维尔·斯托克斯方程如下：

$$\rho\left(\frac{\partial u}{\partial t} + u\frac{\partial u}{\partial x} + v\frac{\partial u}{\partial y} + w\frac{\partial u}{\partial z}\right) = -\frac{\partial p}{\partial x} + \mu\left(\frac{\partial^2 u}{\partial x^2} + \frac{\partial^2 u}{\partial y^2} + \frac{\partial^2 u}{\partial z^2}\right) + \gamma\sin\beta \tag{2.1}$$

考虑到之前关于图 2.5（a）所述的裂缝流动问题，式（2.1）可简化为：

$$0 = -\frac{\partial p}{\partial x} + \mu\frac{\partial^2 u}{\partial y^2} + \gamma\sin\beta \tag{2.2}$$

如图 2.5（b）所示，$\sin\beta = \mathrm{d}H/\mathrm{d}x$，并代入式（2.2）中得：

$$\frac{\partial^2 u}{\partial y^2} = \frac{1}{\mu} + \left(\frac{\partial p}{\partial x} + \gamma H\right) \tag{2.3}$$

式（2.3）的边界条件是 $y=0$，$u=0$。在极限情况下，当 y 快接近裂缝开口端 a 且流体速度（u）接近端口上部平板速度（U）时，即当 $y=a$、$u=U$ 时，$\partial^2 u/\partial y^2 = \lambda$，其中 λ 为常数。

为了得出式（2.3）的解，有必要对其进行积分，并应用边界条件。式（2.3）的解是 $u(y) = (\lambda/2)\,y^2 + Ay + B$，为一条抛物线。通过积分得到常数 A 和 B，最后得到以下方程：

$$u(y) = \frac{1}{2\mu}(y^2 - ay)\frac{\partial(p + \gamma H)}{\partial x} + \frac{U}{a}y \tag{2.4}$$

式（2.4）描述了库埃特流动。因为存在线性平板运动，并可用于应力敏感的构造裂缝。式（2.4）可以写成：

$$u(y) = \frac{1}{2\mu}(y^2 - ay)\frac{\partial(p + \gamma H)}{\partial x} \qquad (2.5)$$

式（2.5）对应于 $U=0$（泊肃叶流动）时通过两个倾斜平行表面的稳定流压力分布；它可基于 $q=\int u dA$，用来推导出非应力敏感构造裂缝的流量表达式，其中 $A=a \cdot 1$，得出：

$$q = \int_0^a \frac{1}{2\mu}(y^2 - ay)\frac{\partial(p + \gamma H)}{\partial x}dy = -\frac{a^3}{12\mu}\frac{\partial(p + \gamma H)}{\partial x} \qquad (2.6)$$

式（2.6）称为立方定律，它已用于裂缝性岩石（Witherspoon 等，1980），使用 $\bar{u}=q/A$ 求取平均速度 $\bar{u}$；代入式（2.6），可得：

$$\bar{u} = -\frac{a^2}{12\mu}\frac{\partial(p + \gamma H)}{\partial x} \qquad (2.7)$$

根据式（2.5）中的 y 推导，将 $y=a/2$ 代入式（2.5），并应用最大准则和最小准则，可获得最大速度：

$$u_{max} = -\frac{a^2}{8\mu}\frac{\partial(p + \gamma H)}{\partial x} \quad (y = a/2) \qquad (2.8)$$

在流体力学经典方法的基础上，建立了计算构造裂缝流量的方程。式（2.6）至式（2.8）中的负号与负压力梯度方向上的流动有关。尽管三次方程是针对构造裂缝推导出来的，但它仍然适用于各种不连续体（角砾岩、溶洞和高渗通道）。

对于天然裂缝的流动剖面速度解析模型，本书应用了描述天然裂隙中流动剖面的库埃特流动通解来表示。但该通解将与流动运动学方程进行比较，以确定速度的范围或者何时可以使用最大流速和平均流速。

2.6 构造裂缝流体运动学解析建模

通常使用三种类型的流线来实现流体流动可视化。本书定义了三种类型的流体基本轨迹：流线、迹线和脉线。对于稳态流动，它们都是等效的；但对于非稳态流动，它们在概念上是不同的。

流线是与速度矢量相切并与恒定势线相垂直的曲线，也称为等势线；迹线是给定的流体质点在流动时随时间表现出来的曲线；脉线指在空间某一固定点连续注入中性悬浮示踪流体到流场中所画出的线（Currie，2003）。

本书采用流线来展示不同类型不连续体之间的差异。它们与流解析函数（Ψ）和势解析函数（Φ）有关。在构造裂缝中，它们的流线是平行的，并且趋于一致（图2.6）。

复变函数理论上保证了速度势函数 $\nabla^2 \Phi = 0$ 和流函数 $\nabla^2 \Psi = 0$ 的拉普拉斯方程得到满足并可以求解。那么：

$$u = \frac{\partial \Phi}{\partial x} = \frac{\partial \Psi}{\partial y}$$
$$\qquad (2.9)$$
$$v = \frac{\partial \Phi}{\partial y} = -\frac{\partial \Psi}{\partial x}$$

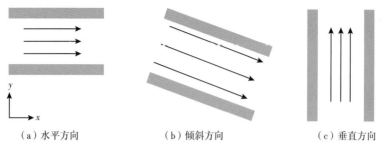

|（a）水平方向|（b）倾斜方向|（c）垂直方向|

图 2.6　壁面平行的构造裂缝中均匀线性流动的流线

式（2.9）被认为是 $\Phi(x, y)$ 和 $\Psi(x, y)$ 的柯西—黎曼方程，并且在笛卡尔坐标和极坐标中均匀流动的解析式如下：

$$\Psi = uy, \ \Phi = ux \tag{2.10}$$

$$u = U_\infty, \ v = 0 \tag{2.11}$$

$$u_r = u \cos \beta, \ u_\theta = u\sin \beta \tag{2.12}$$

式（2.10）至式（2.12）是拉普拉斯方程解。因此，它们满足 $\nabla^2\Phi = 0$ 和 $\nabla^2\Psi = 0$。对于一维情形，流函数 $\Psi(x, y)$ 表示如下：

$$
\begin{aligned}
\nabla^2\Psi &= 0 \\
\frac{\partial \Psi}{\partial x} &= 0 \\
\frac{\partial^2 \Psi}{\partial x^2} &= 0
\end{aligned}
\tag{2.13}
$$

按照类似方法，对应速度势 $\Phi(x, y)$ 有：

$$
\begin{aligned}
\nabla^2\Phi &= 0 \\
\frac{\partial \Phi}{\partial x} &= u \\
\frac{\partial^2 \Phi}{\partial x^2} &= 0
\end{aligned}
\tag{2.14}
$$

因此，满足了速度势 $\nabla^2\Phi = 0$ 和流函数 $\nabla^2\Psi = 0$ 的拉普拉斯方程。

2.7　第三个矛盾：平面不连续体（构造裂缝）的达西流动或库埃特流动

对于应力敏感系统，建议使用库埃特流动方程，而对于非应力敏感系统，则使用泊肃叶流动方程。最初，研究人员应用达西流来描述溶洞（Neale 和 Nader，1974；Wu，2011）、断层（McKeown 等，1999）、断层角砾岩（McKeown 等，1999；Gudmundsson，2011）和裂缝（Bogdanov 等，2003）中的流体流动特征。

当雷诺数的取值范围在 0~1 时，建议使用达西公式来描述流体流动。马斯喀特（1946）

发表了适用于多孔介质中低速层流理论文献，他的理论也适用于构造裂缝或构造裂缝介质，且无须考虑雷诺数的大小。本书的第三个矛盾是基于雷诺数计算的数值，如果 Re 大于 1，那么平面不连续体（构造裂缝）有必要采用立方定律，并由此推导出库埃特流动方程。所以，使用达西公式时应该谨慎。

2.8　断层角砾岩的地质特征和层析成像特征

断层角砾岩由与断层作用有关的平面不连续体组成。这些角砾岩是无黏聚力的，其特征主要包括断层带中的棱角状到次棱角状碎片和破裂岩中的内部裂缝。岩石碎片表面光滑、滑动方向多变、大小不一、可见比例大于 30%。破碎岩石内部具有平面结构，当断层发生在 1~4km 以上深度或地壳上部断层带时，它们是没有黏聚力的。在这些区域，由于应力和构造活动，脆性变形会加剧角砾岩的形成过程。

断层角砾岩带提高了地层渗透性（Woodcock 和 Mort，2008）。实际上，断层角砾岩是石灰岩储层中的超高产通道。高渗透性与疏松的断层带岩石有关，它可以作为油气流动的高渗通道。

断层角砾岩露头如图 2.7 所示，它是含有嵌入基质中的次棱角状碎片的石灰岩露头，没有原生黏聚力并受到侵蚀作用；其断层角砾岩带长约 7m，这反映了巨大的岩体位移和应力作用（图 2.7）。该露头是石灰岩储层断层角砾岩的一个对比参照点，因为在过去的地质时期，该断层角砾岩明显埋藏于地下。实际上，石灰岩储层中的断层角砾岩相当于是宽 7~10m 的生产渗流通道。

图 2.7　加拿大阿尔伯塔省断层角砾岩露头

石灰岩储层表现出与断层作用有关的断层角砾岩；通常将这些渗流通道描述为水平、倾斜和垂直于流体的通量平面，可视为平面不连续体。在坎佩切湾石灰岩储层中的一个带有断层角砾岩的石灰岩岩心样品（直径 10cm）如图 2.8 所示，其几何结构对应于流动屏障之间的连续流体通量平面。这些平面在整个介质中是相互连接的网络，并形成与渗透性、有效孔隙度相关的内部传导性。

图 2.8　墨西哥坎佩切湾上白垩统断层角砾岩岩心

　　另外，利用 CT 研究了断层角砾岩的内部形态。含断层角砾岩的石灰岩岩心中存在嵌入基质的碎片。本书使用了海洋钻井的相关信息（Kinoshita 等，2009）。石灰岩的层析成像呈现了基质和碎片之间的对比，这些对比可以根据观察到的不同 CT 值体现出来。

　　通常情况下，断层角砾岩碎片比基质致密，这表明其体积密度较高，孔隙度较低，并具有较高的 CT 值。此外，碎片的来源应充分考虑其形成时代、岩性、CT 值、矿物总量、成分和物理性质，以便确定其密度和孔隙度。相对于基质和碎片，孔洞的 CT 值更小。

　　断层和钻井诱导形成的角砾岩显示出碎片和基质之间更高的对比度，这是因为 CT 已经识别出了孔洞。断层角砾岩在碎片和含孔洞的基质之间表现出低对比度。这些没被填充的空间能让油在岩石中流动；实际上碎片是流动屏障，流体运动是在基质和碎片之间相连通的孔隙中进行的，如图 2.9 所示。

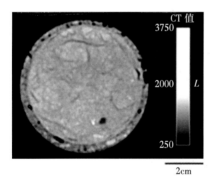
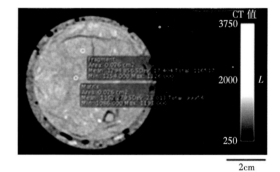

（a）垂直于岩心轴切割的断层角砾岩薄片　　　　　（b）与图（a）中一致的基质和碎片的CT值
（岩心段：316-C0004D-28R-2，长度：45.13 cm）

图 2.9　断层角砾岩在 CT 图像中的典型表现特征（据 Kinoshita 等，2009）
从图像中可以看到基质和碎片之间的 CT 值微小差异（分别为 1162 和 1294）

观察图 2.7 至图 2.9，可列出以下结论：

（1）断层角砾岩中嵌入的碎屑呈次棱角状和棱角状，形成巨大的流动区域。

（2）断层角砾岩是石灰岩中应力作用的结果，其平面和相连通的不连续体都含有嵌入

14

的碎屑。

（3）裂缝和断层密度由应力强度决定。

（4）在岩心中，角砾岩的比例大于基质。

（5）在露头中，角砾岩的尺寸级别为米级。

（6）断层角砾岩可以用多个相连的平面和嵌入的碎屑来描述。

这些结果有助于下一步建立解析模型。

2.9 断层角砾岩流体运动学解析模型

为了深入研究断层角砾岩中的流体流动特征，必须研究其流体运动学。根据地质依据和 CT 技术，这些角砾岩呈现出具有相似岩性的阻碍流体流动的棱角状碎屑；它们分选差，粒径大小不一（1mm~1m）。一个有代表性的情形可能如图 2.10 所示，其中的碎屑可以是颗粒支撑的或漂浮的，并且由基质或胶结物来控制不连续体的开启或闭合。

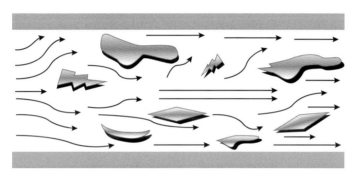

图 2.10　通过棱角状碎片的流线

断层角砾岩中裂缝的开度通常为毫米级，断层角砾岩的影响范围为厘米级或米级。角砾岩地层中碎屑间的未充填空间或复杂的不连续体网络是流体流动的最佳通道。

利用钝头或兰金半体附近的流动理论，可以建立未填充空间和碎屑之间的流动模型。这一方法的前提是基于考虑翼状，特别是在黏性影响最小的流动条件下（Faber 等，1995），棱角状碎屑和兰金半体之间的几何相似性。考虑前文所述关于物理现象的观测结果，适合采用势流和流线的含义和方程来描述流体在断层角砾岩中的流动。这个问题可以用柱坐标和球坐标来解决。当使用柱坐标时，物理条件与碎屑的径向几何形状有关，并且径向函数用作势函数。当使用球坐标时，考虑了碎屑的棱角几何形状，并用余弦函数表示势函数来描述该流动问题。然后，使用圆柱坐标系下的拉普拉斯方程 (r, x, θ)：

$$\frac{\partial^2 \Phi}{\partial x^2} + \frac{\partial^2 \Phi}{\partial r^2} + \frac{1}{r}\frac{\partial \Phi}{\partial r} = 0 \tag{2.15}$$

式（2.15）的解为下式给出的函数：

$$\Phi = e^{cx} f(r) \tag{2.16}$$

对于我们的物理现象，$f(r)$ 是由于碎屑径向变化而产生的径向函数；c 是取决于多孔介质（石灰岩）的积分常数。

速度 u_r 和 u_x 如下式：

$$u_r = \frac{\partial \Phi}{\partial r}, \quad u_x = \frac{\partial \Phi}{\partial x} \tag{2.17}$$

式（2.15）是偏微分方程（PDE），将式（2.16）代入式（2.15），得到一个常微分方程（ODE）：

$$\frac{\mathrm{d}^2 f(r)}{\mathrm{d}r^2} + \frac{1}{r}\frac{\mathrm{d}f(r)}{\mathrm{d}r} + c^2 f(r) = 0 \tag{2.18}$$

式（2.18）是零阶贝塞尔微分方程，其通解为（Levi，1965）：

$$f(r) = c_1 J_o(cr) + c_2 Y_o(cr) \tag{2.19}$$

式中，c_1 和 c_2 是常数；J_o 和 Y_o 分别是第一类和第二类零阶贝塞尔函数。

对 $J_o(c_r)$ 的级数展开式可以写成：

$$J_o(cr) = 1 - \frac{cr}{2} + \frac{1}{(2!)^2}\left(\frac{cr}{2}\right)^4 + \frac{1}{(3!)^2}\left(\frac{cr}{2}\right)^6 + \cdots \tag{2.20}$$

式（2.16）给出的拉普拉斯方程的特解为：

$$\Phi = \mathrm{e}^{cx} J_o(cr) = \mathrm{e}^{cx}\left[1 - \frac{cr}{2} + \frac{1}{(2!)^2}\left(\frac{cr}{2}\right)^4 + \frac{1}{(3!)^2}\left(\frac{cr}{2}\right)^6\right] \tag{2.21}$$

解析模型的解中有一个常数（c），与材料（石灰石）、粗糙度有关。

另外，可以在球坐标系（r，x，θ）中求解描述流体流动的拉普拉斯方程。如果 $\Phi = \Phi(r, \theta)$，则有一个解 $\Phi = r^n f(z)$，其中 $f(z)$ 是 $z = \cos\theta$ 的函数，并且 n 是整数（Levi，1965）。通过前面的变换，下面的拉普拉斯方程可以表示为：

$$\sin\theta \frac{\partial}{\partial r}\left(r^2 \frac{\partial \Phi}{\partial r}\right) + \frac{\partial}{\partial \theta}\left(\sin\theta \frac{\partial \Phi}{\partial \theta}\right) = 0 \tag{2.22}$$

速度 u_r 和 u_θ 通过式 $u_r = \partial \Phi / \partial r$ 和 $u_r = \partial \Phi / \partial \theta$ 来求取。推导出关于 r 的前述 Φ 的解，并将其代入式（2.22）得：

$$(1 - z^2)\frac{\mathrm{d}^2 f(z)}{\mathrm{d}z^2} - 2z \frac{1}{r}\frac{\mathrm{d}f(z)}{\mathrm{d}z} + n(n+1)f(z) = 0 \tag{2.23}$$

式（2.23）是二阶勒让德常微分方程（ODE），其整数 n 的解由勒让德多项式 $P_n(z)$ 给出。然后，式（2.23）的解由下式给出：

$$\Phi(r, \theta) = r^n P_n(\cos\theta) \tag{2.24}$$

n 阶勒让德多项式（0 和 1）为：

$$\begin{aligned} P_0(x) &= 1 \\ P_1(x) &= x \end{aligned} \tag{2.25}$$

16

式（2.23）中有一项 $n(n+1)f(z)$，为线性组合（Levi，1965）。通解有一个附加项：

$$\Phi(r, \theta) = (A_n r^n + \frac{B_n}{r^{n+1}}) P_n(\cos\theta) \tag{2.26}$$

式中，A_n 和 B_n 为常数。

式（2.22）给出的微分方程是线性的；然后可以将解进行叠加以得出更为复杂的解：

$$\Phi(r, \theta) = \sum_{n=0}^{\infty} (A_n r^n + \frac{B_n}{r^{n+1}}) P_n(\cos\theta) \tag{2.27}$$

式（2.27）是勒让德方程的解。根据 $P_n = 1$ 的 n 阶勒让德多项式，该势函数可用于稳态、无旋流动和球坐标系中，且可以用来表征一些流体流动问题。式（2.27）描述了均匀流、源流和汇流、双重的流动、绕圆球的流动、线性分布源流和近钝头流动。A_n 和 B_n 在求解过程中起着非常重要作用，因为其可以叠加影响断层角砾岩的地质事件。此外，该解不依赖于多孔介质（石灰岩）或实验常数，即它只考虑流体的流动。例如，对于均匀流动（适用于平面不连续体，其条件为平行无旋流动），式（2.27）中的 A_n 和 B_n 可简化为：

$$\begin{aligned}
&如果 \quad B_n = 0 \quad \forall n \\
&A_n = 0 \quad (n \neq 1) \\
&A_n = u \quad (n = 1)
\end{aligned} \tag{2.28}$$

于是，势函数、流函数、径向速度和角速度可以表示为：

$$\begin{aligned}
\Phi(r, \theta) &= ur(\cos\theta) \\
\Psi(r, \theta) &= \frac{1}{2} u r^2 \sin^2\theta \\
u_r &= \frac{\partial \Phi}{\partial r} = u\cos\theta \\
u_\theta &= \frac{1}{r} \frac{\partial \Phi}{\partial r} = -u\sin\theta
\end{aligned} \tag{2.29}$$

对于源流和汇流（适用于具有嵌入碎屑的不连续体，其条件为慢速和无旋流动）：

$$\begin{aligned}
&A_n = 0 \quad \forall n \\
&B_n = 0 \quad (n \neq 0) \\
&A_n \neq u \quad (n = 0)
\end{aligned} \tag{2.30}$$

于是，速度势、流函数、径向速度和角速度可以分别表示为：

$$\begin{aligned}
\Phi(r, \theta) &= -\frac{Q}{4\pi r} \\
\Psi(r, \theta) &= -\frac{Q}{4\pi r}(1 + \cos\theta) \\
u_r &= \frac{\partial \Phi}{\partial r} = \frac{Q}{4\pi r^2} \\
u_\theta &= \frac{1}{r} \frac{\partial \Phi}{\partial r} = 0
\end{aligned} \tag{2.31}$$

同样，可以根据式（2.27）（勒让德方程的解）和柯西方程推导最后一个表达式。

对于近钝头或兰金半体流动，可以用均匀流动和源（适用于带有嵌入碎屑的平面不连续体）的叠加来建模，如图2.11所示：

$$\Psi(r,\theta) = \frac{1}{2}ur^2\sin^2\theta - \frac{Q}{4\pi r}(1+\cos\theta) \tag{2.32}$$

$$\Phi(r,\theta) = ur(\cos\theta) - \frac{Q}{4\pi r} \tag{2.33}$$

$$u_r = u\cos\theta + \frac{Q}{4\pi r^2} \tag{2.34}$$

$$u_\theta = -u\sin\theta \tag{2.35}$$

式（2.32）至式（2.35）可用于描述断层角砾岩中的流动运动学特征，适用于稳定、无旋和轴对称流动。由于黏性流体在平面上的慢速层流运动，因此，前面讨论的近钝头或兰金半体流动可以认为是无旋流动（Levi，1965）。此外，还提出了两种经典的方法来描述断层角砾岩中的流体流动：第一种方法使用有实验常数的贝塞尔方程的解，第二种方法使用勒让德方程的解。

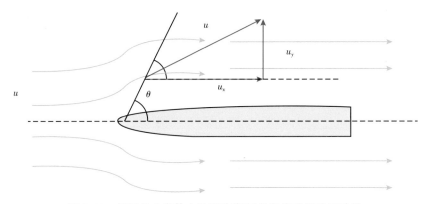

图2.11　使用兰金半体方法研究断层角砾岩的流动运动学

2.10　奇克苏鲁布冲击角砾岩及坎塔雷尔储层地质及层析成像特征

冲击角砾岩是小行星、陨石和彗星撞击地球的结果。陨石是富含铁和镍的宇宙碎片，它们在地球表面形成了陨石坑。冲击熔融角砾岩和冲击凝灰角砾岩可能含有目标岩石熔融作用产生的物质。在冲击角砾岩中，可以观察到角砾化的目标岩石、熔融碎片和异地退积角砾岩。在岩心和露头中观察到的冲击角砾岩，由于冲击作用，在撞击而飞出的基质中嵌入了碎片。雅克索波尔-1（Yax-1）井眼位于梅里达-e西南40km，距离奇克苏鲁布构造中心约60km处，在794.65~894m井段发现了一个岩心层序；在水平层状浅水潟湖至潮下白垩纪石灰岩、白云石和硬石膏的617m厚层序上发现了一个100m厚的冲击角砾岩（陨击角砾岩）和冲击岩层（Keller等，2004a，2004b）。相比之下，Grajales-Nishimura等（2000，2009），Lebolledo-Vieyra和Urrutia-Fucugauchi（2004），Kring等（2004），Wittmann等（2004），Dressler等（2003），Tuchscherer等（2004）和Stöffler等（2004）使用了 Yax-1 井眼的岩心序列和露头，但在岩性、年代和地层柱状剖面上分析描述存在差异。

分析了 Yax-1 井具有代表性的岩心样品，对地层渗透率进行了评价。对于古近—新近纪石灰岩和冲击凝灰角砾岩，这些岩块的渗透率在 $10^{-19} \sim 10^{-14} \mathrm{m}^2$，孔隙度在 $0.08 \sim 0.35$。对于最下面的冲击凝灰角砾岩单元、白垩纪硬石膏和白云石（$900 \sim 1350 \mathrm{m}$），其渗透率在 $10^{-23} \sim 10^{-15} \mathrm{m}^2$，其孔隙度在 $0.1 \sim 0.15$。前述的渗透率和孔隙度不包括宏观事件的影响，如断层和构造裂缝（Mayr，2008）。

30 年前，有关撞击坑的讨论就已经开始了。Lopez-Ramos（1975），Penfield 和 Camargo（1981）用总磁场数据展示了直径 210km 的圆形构造。Hildbrand 等（1991）提出，在墨西哥尤卡坦半岛上有一个直径 180km 的圆形埋藏构造（奇克苏鲁布撞击坑），形成于 6500 万年前（Dressler 等，2003），并建议将它作为 K/Pg 边界撞击的发生地。

在尤卡坦台地或坎佩切湾西部边缘的近海区域，有着墨西哥最大的油田，已经累计生产了超过 $180 \times 10^8 \mathrm{bbl}$ 石油和 $10 \times 10^{12} \mathrm{ft}^3$ 天然气（PEMEX，2014）。露头类比、岩相分析、测井和岩心描述表明，坎塔雷尔（Cantarell）油田与奇克苏鲁布陨石撞击具有继承关系（Murillo-Muñetón 等，2002）。在坎塔雷尔油田的白垩纪—古近—新近纪（K/T）中发现了这种继承关系，在位于恰帕斯和塔巴斯科地区的恰帕斯露头和瓜亚尔露头中也可以看到这种关联（Grajales-Nishimura 等，2000）。

冲击角砾岩碎屑是具有破裂形态的冲击熔融碎片，其固结良好并嵌入在基质中，如图 2.12 所示，其展现出相似的几何特征。

图 2.12（a）显示出含嵌入的破裂形态碎屑的坎佩切湾的岩心，图 2.12（b）显示出含破裂形态碎屑的相似露头。结合图 2.12，可以推断嵌入的碎屑起着阻碍流动的屏障作用。此外，冲击角砾岩含有因撞击而飞出的物质，产生的非平面不连续体都可在岩心样品和露头中观察到（图 2.12）。

坎塔雷尔油藏包括与奇克苏鲁布事件相关的上白垩统（上角砾岩），总平均孔隙度和渗透率分别为 8%~10% 和 800~5000mD，平均厚度为 11~105m，向西南方向变薄，表现出

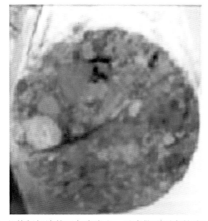

（a）坎佩切湾的石灰岩岩心，具有撕裂形态的碎屑。
来自墨西哥坎塔雷尔复杂体海洋地区坎佩切海峡
上白垩统（据Ortuño，2012）

（b）含有碎裂形态碎屑的石灰岩露头类比，
墨西哥塔巴斯科地区瓜亚尔露头
（据Grajales-Nishimura等，2000）

图 2.12　嵌入碎屑的冲击角砾岩岩心和露头

溶蚀作用和白云石化作用，上侏罗统（提塘阶）含白云石化石灰岩。油田产量与提供高渗透性的构造裂缝相关（Murillo-Muñetón 等，2002；Cruz 等，2009；Cervantes 和 Montes，2014；Barton 等，2009）。

CT 是一种观察基质和喷出碎屑之间差异并描述岩石内部结构的工具。图 2.13 表明，碎屑是冲击角砾岩中的流动屏障，并产生非平面不连续体。

图 2.13（a）显示出 Yax-1 井角砾岩序列中的不同岩石结构；岩石内部存在碎屑或阻止流动的屏障；这表明石灰岩储层中孔隙度和渗透率变化范围很大。低孔隙率和低渗透率与细小的喷出物质有关。图 2.13（b）显示了三维的其他冲击角砾岩（博苏姆推）；可以观察到嵌入在基质岩石中（低密度），具有破裂几何形状、产生非平面不连续体的阻碍流动的屏障（高密度碎屑）。

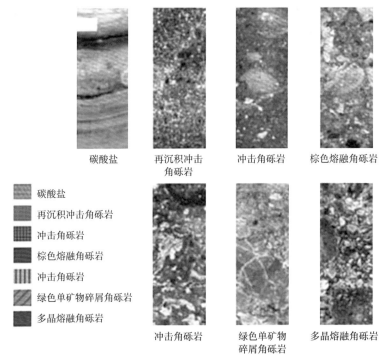

（a）Yax-1井眼中的角砾岩层序。用岩心扫描系统得到的角砾岩岩心剖面图像，展示出了不同的纹理
（据Urrutia-Fucugauchi等，2011）

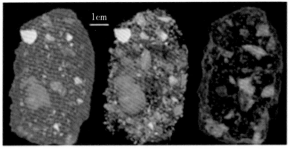

（b）博苏姆推冲击角砾岩岩屑的三维重建。左图显示出带有颜色标记的碎屑样品，其中的基质部分透明。中间图像仅显示出高密度碎屑，低密度碎屑（和基质）显示为透明的，而右侧图像仅显示出岩石边缘和低密度碎屑（据Mees等，2003）

图 2.13　经过博苏姆推和奇克苏鲁布撞击的岩石 CT 切片样本

20

观察图 2.12 和图 2.13，可以得到如下推断：

（1）冲击角砾岩中嵌入的碎屑具有破裂的几何形状，在多孔介质（基质）中形成非流动屏障。

（2）冲击角砾岩是地球上小行星、陨石和彗星撞击的结果，产生包含嵌入碎屑的非平面不连续体。

（3）冲击角砾岩中的孔隙度和渗透率与撞击喷出的物质（碎屑）有关，它提供了石灰岩的原生孔隙度。

（4）在岩心中，基质岩的比例大于嵌入碎屑。

（5）在露头和储层中，角砾岩的尺寸与冲击规模大小有关。

（6）冲击角砾岩可用多个嵌入碎屑（高密度）来描述，它充当相连通基质（低密度）的不流动屏障。

接下来本书将利用前面的推论来建立一个模型。

2.11 冲击角砾岩的流体运动学解析模型

当冲击角砾岩在不存在断层角砾岩、构造裂缝、溶洞、沉积角砾岩、溶蚀和白云石化等其他地质事件的情况下，其观察到的渗透率非常低（Mayr，2008），并且具有低至中等的孔隙度（1%~8%）（Murillo-Muñetón 等，2002）。因此，冲击角砾岩可以起到封存和储集流体的作用，但该储层的产油量取决于构造裂缝、断层角砾岩、溶蚀和溶洞等因素，这一点在坎塔雷尔油田非常普遍。

冲击角砾岩具有低渗透、低孔隙度的特点，其流体流动速度较慢，可视为原生孔隙多孔介质中的无旋流动。除了低渗透性外，层析成像和地质证据观察到的破裂几何形状的碎屑也是多孔介质中流体流动的屏障。图 2.14 展示了流体在冲击角砾岩的流动屏障和破裂几何形状中的流动。

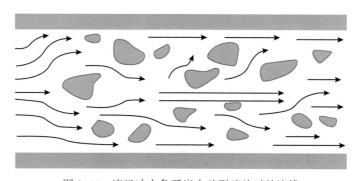

图 2.14 流经冲击角砾岩中破裂碎片时的流线

考虑到轴向流动对称性，可以根据流线研究冲击角砾岩中的流动特征。为了解决这个问题，应用斯托克斯所考虑的流经球体的流动模型，并对它进行了调整；然后，可以使用拉普拉斯双调和方程来描述这个流动特征（Bird 等，2002；Warsi，1999）：

$$\nabla^4 \Psi = \nabla^2 (\nabla^2 \Psi) = 0 \tag{2.36}$$

在球坐标系中，式（2.36）可以表示为：

$$\Psi(r, \theta) = 0 \tag{2.37}$$

式（2.37）的边界条件由下式给出：

$$u_r = \frac{1}{r^2\sin\theta}\frac{\partial\Psi}{\partial\theta} = 0 \quad (r = a_o) \tag{2.38}$$

$$u_\theta = -\frac{1}{r\sin\theta}\frac{\partial\Psi}{\partial r} = 0 \quad (r = a_o) \tag{2.39}$$

$$\Psi = \frac{1}{2}ur^2\sin^2\theta = 0 \quad (r \to \infty) \tag{2.40}$$

式（2.38）和式（2.39）给出的边界条件描述了多孔介质中具有破裂形态的碎屑上的流体黏附情形。图 2.15 为具有类似破裂形态的碎屑处的流体黏附情形。

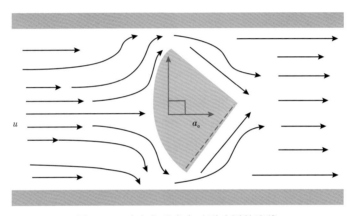

图 2.15　冲击角砾岩中破裂碎屑的流线

式（2.40）给出的边界条件描述了流经角砾岩碎屑之前和之后的流线，这意味着由于碎屑起到阻碍流动的作用，流体流动时的速度发生了变化，即当 $r \to \infty$ 时，得出最终流经碎屑的速度。根据这一边界条件，拉普拉斯双调和方程的通解如下：

$$\Psi(r, \theta) = f(r)\sin^2\theta \tag{2.41}$$

式（2.41）给出了关于碎屑半径和角度的变化。然而，研究并检验斯托克斯解是否适用于冲击角砾岩中的油相流动是很有必要的。式（2.41）中包含 $f(r)$，它是与碎屑半径相关的径向函数。将式（2.37）代入式（2.41）中：

$$\begin{aligned}
\left[\sin^2\theta\frac{\partial^2 f(r)}{\partial r^2} - \frac{2\sin\theta f(r)}{r^2}\right]^2 &= 0 \\
\left[\sin^2\theta f(r)\left(\frac{\partial^2}{\partial r^2} - \frac{2}{r^2}\right)\right]^2 &= 0
\end{aligned} \tag{2.42}$$

考虑到轨迹角度为 90° 的流线，则式（2.42）可以表示为：

$$\left(\frac{\partial^2}{\partial r^2} - \frac{2}{r^2}\right)\left(\frac{\partial^2}{\partial r^2} - \frac{2}{r^2}\right)f(r) = 0 \tag{2.43}$$

式（2.43）是四阶微分齐次线性方程，其解的类型为 $f(r) = cr^n$，其中 n 取值可以为 -1，1，2，3，c 包括积分常数（A，B，C，D），因此：

$$f(r) = \frac{A}{r} + Br + Cr^2 + Dr^3 \tag{2.44}$$

导出关于角 θ 的式（2.41），$\partial\Psi/\partial\theta = 2f(r)\sin\theta\cos\theta$，并将其代入式（2.38）：

$$u_r = \frac{1}{r^2\sin\theta}\frac{\partial\Psi}{\partial\theta} = f(r)\frac{2}{r^2}\cos\theta \tag{2.45}$$

将式（2.44）代入式（2.45）：

$$u_r = 2\left(\frac{A}{r^3} + \frac{B}{r} + C + Dr\right)\cos\theta \tag{2.46}$$

u_θ 可以表示为：

$$u_\theta = \frac{1}{r\sin\theta}\frac{\partial\Psi}{\partial\theta} \tag{2.47}$$

将式（2.44）代入式（2.41），并导出所得式：

$$\frac{\partial\Psi}{\partial r} = \sin^2\theta\left(-\frac{A}{r^2} + B + 2Cr + Dr^3\right) \tag{2.48}$$

然后，将式（2.48）代入式（2.47）：

$$u_\theta = -\left(-\frac{A}{r^3} + \frac{B}{r} + 2C + 3Dr\right)\sin\theta \tag{2.49}$$

应用式（2.38）和式（2.39）的边界条件至式（2.46）和式（2.49），得到了一个方程组：

$$u_r = 2\left(\frac{A}{r^3} + \frac{B}{r} + C + Dr\right)\cos\theta = 0$$

$$2\left(\frac{A}{a_0^3} + \frac{B}{a_0} + C + Da_0\right)\cos\theta = 0$$

$$u_\theta = -\left(-\frac{A}{r^3} + \frac{B}{r} + 2C + 3Dr\right)\sin\theta = 0$$

$$\left(-\frac{A}{a_0^3} + \frac{B}{a_0} + 2C + 3Da_0\right)\sin\theta = 0 \tag{2.50}$$

现在，当 $r\to\infty$ 时，将式（2.40）所描述的边界条件应用到速度 u_θ 中：

$$u\sin\theta = -\left(-\frac{A}{r^3} + \frac{B}{r} + 2C + 3Dr\right)\sin\theta$$

$$u = (2C + 3D\times\infty)\sin\theta \tag{2.51}$$

考虑 $r \to \infty$ 条件下的 u_r，则：

$$u_r = u\cos\theta = 2\left(\frac{A}{r^3} + \frac{B}{r} + C + Dr\right)\cos\theta$$

$$u\cos\theta = 2\left(\frac{A}{r^3} + \frac{B}{r} + C + D \times \infty\right)\cos\theta$$

$$u = 2(C + D \times \infty) \tag{2.52}$$

如果 $r \to \infty$，则碎屑相对于地层厚度较小（低两个数量级）。此外，当流体与碎屑（障碍物）相遇时，初始流体速度会发生变化，但是流体速度必须在不等于 0 时才能应用质量和动量守恒原理。

因为 $D\epsilon R$ 和 $u\epsilon R$，所以 $D = 0$。根据式（2.52）有：

$$C = \frac{u}{2}, \quad D = 0 \tag{2.53}$$

如果式（2.38）和式（2.39）中 $u_r = u_\theta = 0$，前述关于速度 u_r 的过程则代表一个驻点。对 u_θ 进行类似求解，可以得出下述公式：

$$-\left(-\frac{A}{r^3} + \frac{B}{r} + 2C + 3Dr\right)\sin\theta = 0 \tag{2.54}$$

将 $C = u/2$ 和 $D = 0$ 且 $\theta = -90°$（垂直流线，它描述围绕碎屑的流线）代入式（2.54）：

$$-\frac{A}{r^3} + \frac{B}{r} + u = 0 \tag{2.55}$$

对于式（2.46）中的 u_r：

$$0 = u\cos\theta = 2\left(\frac{A}{r^3} + \frac{B}{r} + C + Dr\right)\cos\theta \tag{2.56}$$

将 $C = u/2$ 和 $D = 0$ 且 $\theta = 0°$ 代入式（2.56）（半径限于 $\theta = 0°$）：

$$\frac{2A}{r^3} + \frac{2B}{r} + u = 0 \tag{2.57}$$

求解式（2.55）和式（2.57），常数 A 和 B 表示如下：

$$A = \frac{r^3}{4}, \quad B = \frac{-3ru}{4} \tag{2.58}$$

然后根据 A、B、C 和 D 的表达式，式（2.46）、式（2.49）和式（2.39）可以分别写成：

$$u_r = u\left(1 - \frac{3a_0}{2r} + \frac{a_0^3}{2r^3}\right)\cos\theta \tag{2.59}$$

$$u_\theta = u\left(-1 + \frac{3a_0}{4r} + \frac{a_0^3}{4r^3}\right)\cos\theta = 0 \tag{2.60}$$

24

$$\Psi = \frac{r^2}{2}u\left(1 - \frac{3a_0}{2r} + \frac{a_0^3}{2r^3}\right)\sin^2\theta = 0 \tag{2.61}$$

根据 $u_\theta = 1/r\,\partial\Phi/\partial\theta$，进行积分得到势速度。这样，可以推导出：

$$\Phi = \left(r + \frac{3a_0}{4} + \frac{a_0^3}{4r^3}\right)\cos\theta \tag{2.62}$$

由于冲击角砾岩碎屑不具有球形几何形状，其破裂形态表现为次圆形边缘和其他棱角状边缘，因此在得到的解析模型中，考虑了对称性和 $0\sim90°$ 的任一角度。此外，还提出 θ 的范围可以为 $0°<\theta<180°$，并且流量随角度的变化可以表示为：

$$\frac{\mathrm{d}\Psi}{\mathrm{d}\theta} = r^2 u\left(1 - \frac{3a_0}{2r} + \frac{a_0^3}{2r^3}\right)\sin\theta\cos\theta \tag{2.63}$$

$$\frac{\mathrm{d}u_\theta}{\mathrm{d}\theta} = u\left(-1 + \frac{3a_0}{4r} + \frac{a_0^3}{2r^3}\right)\cos\theta \tag{2.64}$$

$$\frac{\mathrm{d}u_r}{\mathrm{d}\theta} = -u\left(1 - \frac{3a_0}{2r} + \frac{a_0^3}{2r^3}\right)\sin\theta \tag{2.65}$$

式（2.63）至式（2.65）描述了冲击角砾岩中流线速度的变化，可用于研究具有各种角度或次圆形边缘的碎屑岩。实际上，如前所述，斯托克斯解适用于描述冲击角砾岩中流体流动特征。

2.12 第四个矛盾：未考虑奇克苏鲁布冲击影响的坎塔雷尔油藏流体流动模型

有些研究者记录了奇克苏鲁布撞击对坎佩切湾的影响，并讨论了奇克苏鲁布冲击角砾岩是否为油气封存的盖层、油气生产或油气储集的储层（Murillo-Muñetón 等，2002；Grajales-Nishimura 等，2000，2009），或该冲击可作为石油勘探一部分，在地球物理勘探中起到参考作用（Urrutia-Fucugauchi，2013；Penfield 和 Camargo，1981；Ortuño，2012；Urrutia-Fucugauchi 等，2011）。

同时，坎塔雷尔油田采用的是构造裂缝油藏模型（Rivas-Gómez 等，2002；Cruz 等，2009；Manceau 等，2001）。本书以石灰岩储层中的油气流动为研究对象，提出了一个新的问题：为什么坎塔雷尔油田用构造裂缝建模而没有考虑流体在冲击角砾岩的流动特征，还是冲击角砾岩中的油不流动？本书的贡献之一就是描述了关于流体在冲击角砾岩中的流动特征。在不发育溶洞、裂缝和断层角砾岩的情况下，冲击角砾岩具有中等孔隙度和低渗透率，这表明流体在该类型角砾岩的流速较低。而且，最后建立了没有裂缝或其他地质事件的冲击角砾岩流体运动学模型。

2.13 沉积角砾岩的地质特征与层析成像特征

沉积角砾岩是一种具有次棱角状到次磨圆状碎屑的碎屑沉积岩。这些岩石是通过水或空气搬运快速移动的沉积物颗粒体并沉积而成。这些角砾岩可在碎屑流、泥石流等重力流（如滑坡和滑石）中观察到。根据碎屑的类型，沉积角砾岩可以是单成分、复成分或多成分角砾岩。碎屑可能是层外或层内的、呈基质支撑或碎屑颗粒支撑结构。

破碎岩屑的形态已经在搬运的过程中得到改造。此外，把具有圆状碎屑的岩石称为砾岩，它们不同于角砾岩。沉积角砾岩含有嵌入基质中的碎屑。这些角砾岩不具有由岩石成岩和固结造成的线性的或内部平面结构，且它们在露头中可见（图 2.16）。

图 2.16　含改造过的碎屑的沉积角砾岩露头（墨西哥新莱昂拉波帕盆地）

图 2.17　沉积角砾岩心中的基质—碎屑界面
（墨西哥塔布卡德纳斯油田上白垩统储层）
（据 Villaseñor-Rojas，2003）
W—碎屑宽度；*L*—碎屑长度

图 2.16 显示了嵌在岩石基质中的已被改造过的碎屑，其次圆状边缘表明碎屑搬运距离较短。长距离搬运意味着碎屑是圆状的，可以用椭球体模拟。理论上来说，沉积角砾岩会影响碳酸盐岩油藏，并可能提高总孔隙度。由于碎屑是没有渗透性的，起着阻碍流动的作用，因此流体在基质—碎屑界面上的流动是非常重要的。

图 2.17 所示为沉积角砾岩岩心，在石灰岩基质中有嵌入的碎屑，其边缘呈次圆状和次棱角状。角砾岩化通常使孔隙度增加，但孔隙的连通性差。一个典型的例子是墨西哥韦拉克鲁斯波萨里卡油田的白垩纪碎屑油藏（Enos，1985）。

另外，在研究过程中使用了集成海洋钻探相关信息，其中包括采用了沉积角砾岩层析成像技术（Kinoshita 等，2009）。致密的碎片与基质形成对比，表现出高体积密度和低孔隙度。在许多情况下，碎屑具有高密度和超低孔隙度。在图 2.18 中，层析成像显示出的暗阴影对应于低密度区域，而白色对应高密度区域；该图像显示出分选差、形状细长和孔隙度低的不渗透碎屑，以及不同层中的流沉积物。这些事件表明，碎屑是单成分或多成分的，并且来自地层外部，它形成了石灰岩储层中的流动屏障。

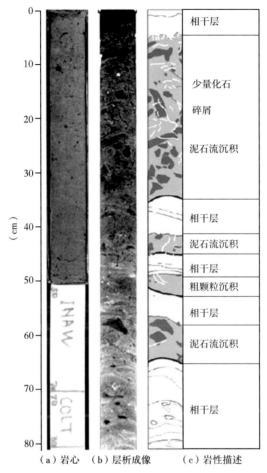

(a) 岩心   (b) 层析成像   (c) 岩性描述

图 2.18   沉积角砾岩的层析成像（据 Kinoshita 等，2009）

岩心段 316-C0004，0~80cm

观察图 2.17 和图 2.18，可以得出如下推断：

（1）沉积角砾岩中的嵌入碎屑具有次圆状、已经过改造以及细长的几何形状等特征，在多孔介质（基质）中形成流动屏障。

（2）碎屑分选差，呈分散性。

（3）沉积角砾岩是碎屑流（泥石流）形成的，产生包含嵌入碎屑的非平面不连续体。

（4）沉积角砾岩的孔隙度和渗透率与基质、嵌入的碎屑和基质—碎屑界面有关，并在石灰岩中形成原生孔隙度。

（5）在岩心中，基质岩石的比例大于嵌入碎屑部分。

（6）不同层位中存在的泥石流沉积物显示出不同的沉积过程，且岩石出露于地表。也就是说，它是地表下另一个地质时代地层的露头。

（7）在露头和储层中，沉积角砾岩的大小与泥石流规模有关。

对这些观测结果进行阐述，是为了建立解析模型。

2.14　沉积角砾岩的流体运动学解析模型

流体运动学可以描述这类岩石中的流体流动。一个具有代表性的沉积角砾岩碎屑中的流线流动模式如图 2.19 所示，其中改造过的碎屑呈颗粒支撑或是基质支撑结构。

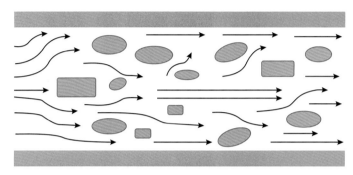

图 2.19　含经改造碎屑沉积角砾岩中的流线

由于碎屑形态已经过改造，可以利用绕椭圆体（如兰金实体）的流动模型来建立基质—碎屑界面处的流动模型。兰金方法与之前应用于断层角砾岩的方法相似，可用来描述流体运动学；因此绕椭圆体周围的流动应满足拉普拉斯方程（Douglas 等，2005）。

考虑到均匀流动，通过线性源和等强度线性汇的叠加，再加上均匀流动（图 2.19）得到兰金解，公式如下：

$$\Psi_{\text{source}}(r,\ \theta) = \frac{Q}{2\pi}\theta_1 \tag{2.66}$$

$$\Psi_{\text{source}}(r,\ \theta) = \frac{Q}{2\pi}\theta_2 \tag{2.67} ❶$$

$$\Psi_{\text{uniform}}(r,\ \theta) = Uy \tag{2.68}$$

从概念上讲，式（2.66）和式（2.67）表示汇和源是等价的，但几何形状显示出差异：它们相对于流线 Ψ 具有不同的角度并且相距 l 长度。由于它们的对称性，源和汇之间的距离为 $l/2$。在图 2.20 中可观察到这一点，它显示出兰金固体源和汇中不同角度和半径。

组合流动（Ψ_T）由流函数表示。从地质角度来看，碎屑几何形状决定了角速度，油围绕不渗透碎屑流动，产生非平面不连续体的流动形态：

$$\Psi_T(r,\ \theta) = \frac{Q}{2\pi}\theta_1 - \frac{Q}{2\pi}\theta_2 + Uy \tag{2.69}$$

其中：

$$\theta_1 = \tan^{-1}\frac{y'}{x' - l/2}$$

$$\theta_2 = \tan^{-1}\frac{y'}{x' + l/2} \tag{2.70}$$

---

❶　原书公式中 θ_2 为 θ_1。

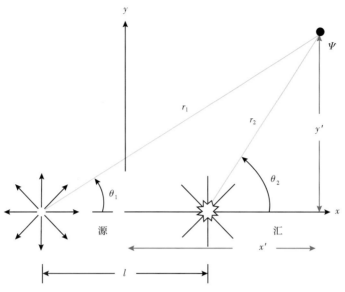

图 2.20 兰金体中的源角和汇角（据 Douglas 等，2005）

考虑式（2.69）和式（2.70），组合流动（Ψ_T）由下式给出：

$$\Psi_T(r, \theta) = \frac{Q}{2\pi}\tan^{-1}\frac{y'}{x' - l/2} - \frac{Q}{2\pi}\tan^{-1}\frac{y'}{x' + l/2} + Uy \qquad (2.71)$$

$$\Psi_T(r, \theta) = \frac{Q}{2\pi}\left(\tan^{-1}\frac{y'}{x' - l/2} - \tan^{-1}\frac{y'}{x' + l/2}\right) + Uy \qquad (2.72)$$

图 2.21 显示了与源和汇相关的两个驻点；兰金体的长度为（x_T），$x_T = x_1 + x_2$，兰金体的宽度（w）与 y 轴方向等值线上 y 的最大值有关。

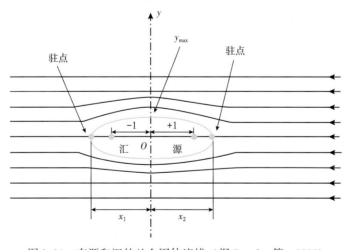

图 2.21 有源和汇的兰金固体流线（据 Douglas 等，2005）

在直角坐标系下，定义 $u_x = \partial\Psi_T/\partial y$ 和 $u_y = -\partial\Psi_T/\partial x$，根据式（2.69），水平和垂直速度由下式给出：

$$u_y = -\frac{Q}{2\pi}\left[\frac{y'}{(x'-l/2)^2+y'^2} - \frac{y'}{(x'+l/2)^2+y'^2}\right]$$

$$u_x = \frac{Q}{2\pi}\left[\frac{x'-l/2}{(x'-l/2)^2+y'^2} - \frac{x'+l/2}{(x'+l/2)^2+y'^2}\right] + U \qquad (2.73)$$

总速度由 $u=\sqrt{u_x^2+u_y^2}$ 给出，势速度为：

$$\Phi_T = \frac{Q}{2\pi}\theta_1 - \frac{Q}{2\pi}\theta_2 + Uy \qquad (2.74)$$

$$\Phi_T = \frac{Q}{2\pi}\tan^{-1}\frac{y'}{x'-l/2} - \frac{Q}{2\pi}\tan^{-1}\frac{y'}{x'+l/2} + Uy \qquad (2.75)$$

为了确定兰金体的宽度，图 2.21 中 y 的最大值（y_{max}）应由 $x=0$（$v_{ymax}=0$）时得出。地质信息数据可以提供沉积角砾岩岩心中碎屑的宽度和长度，可以把它们假定为兰金体的长度和宽度。

2.15　溶洞的地质特征与层析成像特征

溶洞是碳酸盐岩中的一种孔隙类型。Choquette 和 Pray（1970）提出了基于孔隙空间成因的分类方法。Lucia（2007）提出了一个分类方法，它强调关注岩石物理性质和岩石内部孔隙大小的分布。

孔洞空间分为接触溶洞孔隙和孤立溶洞孔隙。接触的溶洞孔隙，如构造裂缝、角砾岩和洞穴，其成因均是非组构选择性的。孤立的溶洞型孔隙定义为比颗粒大小更大的孔隙空间，它们的来源是组构选择性的，并且仅通过粒间孔隙空间相互连通，如铸模孔、化石内孔、粒内孔和遮蔽孔（Lucia，2007）。卢西亚认为，与孤立的溶洞孔隙相比，接触溶洞孔隙是二次溶孔，它们的起源不是组构选择性的，具有不规则的尺寸和形状，它们之间可以相互连通。

在没有构造裂缝的情况下，由于化学溶解作用，溶洞不是组构选择性的孔隙空间或不同大小的不连续体，其具有不规则形状，可以相互连通或分开。图 2.22 显示了由化学溶解形成的带有不规则形状溶洞的岩心。通常，在双重孔隙储层中，溶洞与基质会相互作用。

图 2.22　具有不规则溶洞的石灰岩储层岩心（墨西哥海洋地区坎佩切海峡上白垩统）

溶洞孔隙介质的渗透性取决于孔隙空间的连通性。在本书研究中，认为溶洞是非平面的不连续体，可能是孤立的、非组构选择性的，并与碳酸盐岩的基质相互作用。

溶洞孔隙可由大气中的水与岩石相互作用而产生，包括颗粒溶解、化石和基质孔隙溶解、地下流体作用以及潮湿气候下岩石表面的暴露等成因。

溶洞的几何形状也不规则。此外，前人用球形洞穴理论对它们进行描述（Neal 和 Nader，1974；Moctezuma，2003；Rangel-German，2005；De Swaan，1976）。

在石灰岩露头中，溶洞仅与基质相互连接；溶洞孔隙空间也可视为与基质和其他溶洞系统相互连通（图 2.23）。图 2.23 显示了与图 2.22 相似的多个大小不同溶洞的化学溶解过程（成岩作用），并且可以用岩心和露头进行类比。

图 2.23　采集的一个露头溶洞放大照片（墨西哥塔巴斯科瓜亚尔露头）（据 SENER-Conacyt，2013）

用一个溶洞石灰岩储层中获得的油浸岩心的层析图像来确定孔隙空间的内部特征、几何形状和连通性。

所获得的 113 幅图像描述了溶洞的几何形态和不规则形状。图 2.24 展示了一个长度为 36cm 的饱和油岩心，由于化学成岩作用，溶洞肉眼可见且不规则，每隔 3mm 对样品进行 CT 切片研究（图 2.25）。

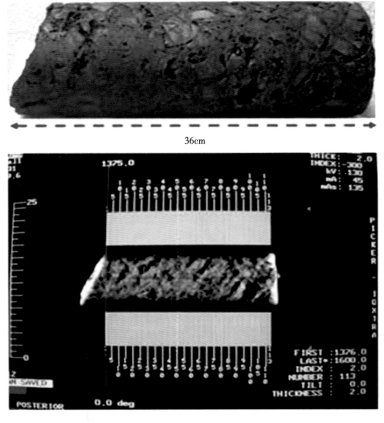

图 2.24　溶洞石灰岩储层的油浸岩心（墨西哥海洋地区坎佩切湾上白垩统）

图 2.24 中的溶洞岩心 CT 切片如图 2.25 所示。图 2.25 显示出切片含有溶洞（黑色）、基质（黄色）、填充或重结晶洞穴（绿色）和嵌入碎屑（橙色）等。黑色的洞穴是大的孔隙空间，或者是充满油的孔隙空间。在进行切片对比时，会观察到溶洞连通性的变化。如果在图像中看到一个黑色的溶洞，它会在随后的图像中消失。反过来，通过不同的切片可以观察到连通的溶洞。

考虑岩心轴对称性，一些渗透层存在孤立的孔隙，而另一些层则有连通的孔隙。孤立溶洞孔隙的区域通过基质进行流体交换，连通的区域则表现为基质—溶洞和溶洞系统间的流动。此外，溶解作用是提高溶洞间连通性的主要过程。

观察图 2.22 至图 2.25，可得出如下推断：

（1）从露头和岩心来看，石灰岩溶洞的几何形状是不规则的和球形的。

（2）在岩心中，溶洞的比例与基质的比例是相当的。

（3）溶洞大致均匀分布。

（4）根据溶洞和基质的界面关系，溶洞既可以是连通的，也可以是孤立的。

（5）溶洞的存在说明存在化学成岩作用，特别是由于大气降水的溶解作用。

基于这些观察，将使用尼尔和纳德提出的解析模型来进行分析，并且将根据尼尔和纳德的解析模型提出角速度、径向速度和势速度的表达式。

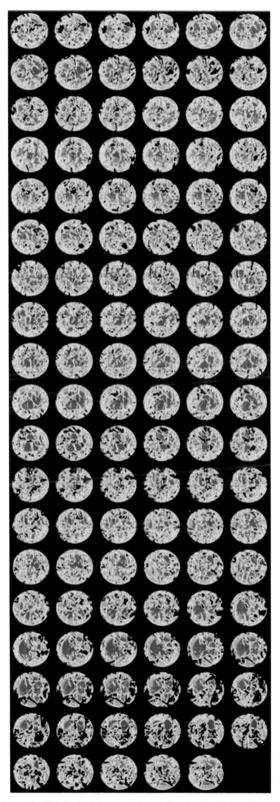

图 2.25　含溶洞的石灰岩油浸岩心的 CT 图像（墨西哥海洋地区坎佩切海峡上白垩统）

2.16　溶洞的流体运动学解析建模

溶洞是不规则的空间，如呈球体和椭球体，与基质相互作用。为了预测溶洞内的流场，考虑采用 Neale 和 Nader 提出的数学求解方法，该解法用于描述各向同性均匀多孔介质中球形洞穴内的压力分布。基于考虑如下几个限定条件来推导出数学解：（1）具有同样大小溶洞的均匀多孔介质；（2）洞穴几何形状为球形；（3）周围均质、各向同性的多孔介质；（4）稳态流动；（5）流体不可压缩。

尼尔和纳德描述的问题和求解方法如图 2.26 和图 2.27 所示。

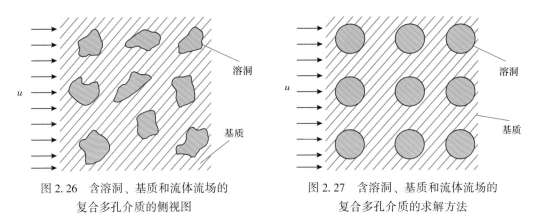

图 2.26　含溶洞、基质和流体流场的　　　　图 2.27　含溶洞、基质和流体流场的
　　　　复合多孔介质的侧视图　　　　　　　　　　　复合多孔介质的求解方法

为了求得上面所述流动问题的解析解，考虑复合多孔介质（基质和溶洞）情形，并使用了蠕变纳维尔·斯托克斯方程和达西公式。结合这两个方程，可以得到球面坐标系中的拉普拉斯双调和方程并结合其边界条件进行求解，其解由下列方程给出：

$$\Psi(N, \theta) = \frac{ku^*}{2} \left[AN^2 + BN^4 \right] \sin^2\theta \quad (0<N<X) \tag{2.76}$$

$$\Psi^*(N, \theta) = \frac{ku^*}{2} \left[CN^{-1} + DN^2 \right] \sin^2\theta \quad (0<N<\infty) \tag{2.77}$$

使用归一化的径向坐标和洞穴的归一化半径，其中：

$$A = \frac{6(N^2 + 5\sigma)}{X^2 + 10\sigma + 20}$$

$$B = \frac{3}{X^2 + 10\sigma + 20}$$

$$C = \frac{2X^3(X^2 + 10\sigma - 10)}{X^2 + 10\sigma + 20}$$

$$D = 1$$

$$N = \frac{1}{\sqrt{k}}$$

$$X = \frac{R}{\sqrt{k}}$$

$$\sigma = \sigma\ (\phi) \qquad (0 < \phi < 1) \tag{2.78}$$

式（2.76）和式（2.77）及其常数（A，B，C，D，X，σ，N）可以预测溶洞和多孔介质中的流线特征。然而，Neale 和 Nader 没有描述角速度、径向速度或势函数。考虑式（2.76）和式（2.77）及其对应的常数，本书得出了角速度、径向速度和势函数，它们由下式给出：

$$u_r = \frac{1}{r}\frac{\partial \Psi}{\partial \theta} = \frac{9r^3 + 30\sigma rk}{R^2 + 10\sigma k + 20k}u^*\sin\theta\cos\theta$$

$$u_\theta = -\frac{36r^3 + 60\sigma rk}{R^2 + 10\sigma k + 20k}u^*\sin^2\theta \tag{2.79}$$

将势通量定义为 $\Phi = \int_0^r u_r \mathrm{d}r$，则：

$$\Phi = \frac{\mu\sin\theta\cos\theta}{R^2 + 10\sigma k + 20k}\left(\frac{9r^3}{4} + 15r^3k^3\right) \tag{2.80}$$

式（2.79）和式（2.80）描述了复合多孔介质中的流体流动。

2.17　第五个矛盾：溶洞中液体滞留悖论

对于溶洞，由于它们的形状是不规则的凹形或凸形洞穴，形成与油的流动及其几何形状有关的原油聚集残余物理现象。研究人员把这种现象称为"死油区"（Perez-Rosales，1969）或"滞留孔隙"（Martinez-Angeles 等，2002）；然而，这个问题在流化床反应器及其在化学工程领域的设计中是众所周知的现象（Bird 等，2002）。

在生产过程中，油的滞留是两种流体动力学作用的结果。刚开始的时候，油先饱和洞穴，其流动服从压力梯度、黏性力与惯性力之间的平衡规律；因此这是一个动态流动过程。当第一个过程结束时，油的流动遵循一个速度较慢的扩散过程，出现具有静态特性和流体滞留的第二个过程。所描述的现象与溶洞的几何形状和洞穴的孔隙空间有关，这个问题与洞穴中的静态—动态液体滞留有关，应该称之为液体滞留悖论。

这是一个悖论，因为洞穴中的液体可能在停滞区或死油区聚集；然而流体总是在溶洞孔隙（次生）中发生流动，从而产生流体速度的变化。因此，停滞区不存在，因为流体总是在运动。

2.18　应用实例

在这一节中，举例来说明所提出的流体运动学模型在分析具有不同类型不连续体石灰岩储层中的应用。

2.18.1　流体速度特征

为了检验不连续体类型之间的差异，使用解析运动学模型来计算和比较流体速度。采用的关键数据和参数值见表2.1。需要注意的是，应采用定量模型与地质特征相结合的方法来进行更好的预测。

表 2.1　碳酸盐岩油藏 A 的相关数据和参数

参数	符号	数值
原始油藏压力	p_i	$3.450×10^7\text{Pa}$
泡点压力	p_b	$1.717×10^7\text{Pa}$
油藏深度	D	2726m
地层厚度	h	2.5m
原生孔隙度	ϕ_1	0.015
原生渗透率	k_1	$395×10^{-17}\text{m}^2$
次生孔隙度	ϕ_2	0.15
次生渗透率	k_2	$158×10^{-10}\text{m}^2$
原油黏度	μ_o	$0.00038\text{Pa}\cdot\text{s}$
油藏温度	T	121.85℃
原油相对密度（15.6℃）	γ_o	0.8156（无量纲）
原油相对密度[a]	γ_o	0.745（无量纲）

[a]121.85℃时的原油相对密度由公式 $\gamma_o = \gamma_o$（15.6℃）$/1+\delta(T-60)$ 确定，其中 $\delta = e^{0.0106×\text{API}×8.05}$（Streeter，1961）。原油 API 重度为 42°API。

此外，为了量化本书中的流体速度，研究中考虑了表 2.2 中所列的沉积角砾岩的压降、相对于流线的不连续体角度、孔径、碎屑角、汇和源。

表 2.3 列出不同类型不连续体的速度和流量值，其目的是对这些参数进行比较。这些模型及其结果适用于石灰岩油藏。在本示例中，表 2.3 的计算值表明，与流体流动相关的不连续体不同，流速和体积流量可能也会不同。结果表明，石灰岩储层中的不同类型不连续体可能会产生不同的产油量。这意味着有必要使用静态和动态特征来识别和确定主要的不连续体。

值得注意的是，表 2.3 的计算值是使用式（2.5）、式（2.6）、式（2.12）、式（2.34）、式（2.35）、式（2.59）、式（2.60）和式（2.73）得出的，它包含了本书中提及的所有不连续体的常数。对于沉积角砾岩，需要利用三角函数将笛卡尔坐标转换为径向坐标来求解。

表 2.2　用于流体速度计算的其他数据

模拟时的属性参数	数值
压降	2Pa
不连续体角	45°
碎屑角	45°
开度（裂缝）	0.005m
溶洞半径	0.02m
距离（溶洞—基质）	0.04m
碎屑半径	0.02m
汇和源	$1\text{m}^2/\text{s}$
初始速度	0.00639m/s

表 2.3　计算得到的参数值

不连续体	数值			
	u （m/s）	u_r （m/s）	u_θ （m/s）	q （m³/s）
裂缝	0.0064	0.0045	0.0045	0.0399
断层角砾岩	0.0066	0.0048	0.0045	0.0413
冲击角砾岩	0.0013	0.0003	0.0012	0.0078
溶洞	0.0190	0.0046	0.0184	0.1186
沉积角砾岩	0.0046	0.0033	0.0033	0.0290

注：流体速度的正号表示其从原点出发，在 x 轴或 y 轴上的方向。

总的速度和体积流量分别由 $u=\sqrt{u_x^2+u_y^2}$ 和 $q=uA$ 给出。式（2.12）（立方定律）用于计算构造裂缝的流动速度和流量。

计算值显示了每种不连续体类型的差异。水平构造裂缝由于流线是平行的，体积流量取决于裂缝的开度，所以具有相同的速度（径向速度和角速度）。断层角砾岩因为取决于细长的次棱角状碎屑岩，因此具有较高的速度和流量。此外，由于溶洞是相互连通的洞穴，没有流动障碍，因此它们具有超高流速和流量。

相反，冲击角砾岩和沉积角砾岩由于碎屑几何形态（碎裂状、椭球形）使得它具有低的流速和体积流量，从而产生低径向速度。此外，碎屑是流动屏障，流体流动与基质—碎屑相互作用有关，它们的渗透率通常很低，因为其表现为原生渗透率和孔隙度。这也意味着基质比例大于碎屑比例。

2.18.2 碳酸盐岩油藏特征：卡德纳斯油田现场应用

根据卡德纳斯（Cardenas）油田给出的地质模型，它是一个由地层圈闭而非构造圈闭控制的具有断层系统的背斜。根据原生孔隙度（1.5% ~ 1.7%）、次生孔隙度（5% ~ 11%）、原生渗透率（329×10⁻¹⁷ ~ 395×10⁻¹⁷ m²）和次生渗透率（89×10⁻¹⁰ ~ 96×10⁻¹⁰ m²）这些特征，将油藏中的产层划分为不同的角砾岩层段。图 2.28 为卡德纳斯油田油井纵向上角砾岩层段的地层对比图。此外，具有化学成岩作用（白云石和溶洞）的角砾岩层序和石灰岩层是选择油井井位的有利标准。如油藏剖面所示（图 2.28），卡德纳斯油藏的原油产量来自侧向连通的沉积角砾岩和溶洞（Villaseñor-Rojas，2003）。

流动运动学模型（溶洞、沉积角砾岩模型）在卡德纳斯油田的应用可作为诊断工具对流体速度进行预测和对不连续体特征进行描述。在这种情况下，如图 2.29 所示，有些井具有类似压力特征，这些井均产自含溶洞和微裂缝的角砾岩层段。

如图 2.28 和图 2.29 所示，油藏剖面 1-1 中有 8 口井，且这些井具有相似的历史压力特征。在图 2.29 中，三维地震剖面显示了这些井的地层对比关系，并确认了它们的横向连续性。同样，地层对比也清楚地显示了与泥石流相关层段的连通厚度。选择了 3 口井作为应用实例分析：Cardenas-109 井、Cardenas-129 井和 Cardenas-308 井，其地质非均质性与沉积角砾岩、溶洞有关。目的是比较沉积角砾岩和溶洞中的流体速度和流动特征，并用生产数据进行验证。表 2.4 至表 2.6 给出了油井相关参数。

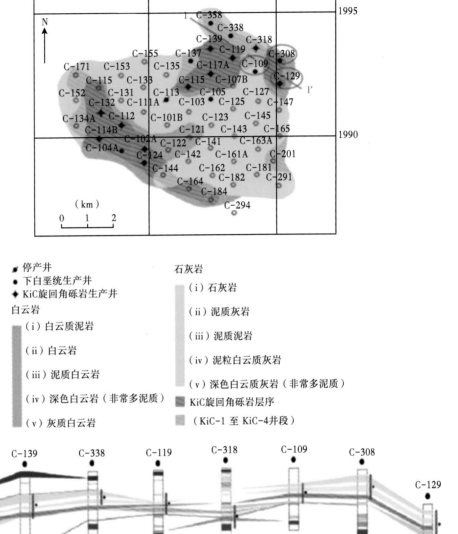

剖面1-1′

停产井

下白垩统生产井

KiC旋回角砾岩生产井

白云岩

（i）白云质泥岩

（ii）白云岩

（iii）泥质白云岩

（iv）深色白云岩（非常多泥质）

（v）灰质白云岩

石灰岩

（i）石灰岩

（ii）泥质灰岩

（iii）泥质泥岩

（iv）泥粒白云质灰岩

（v）深色白云质灰岩（非常多泥质）

KiC旋回角砾岩层序

（KiC-1 至 KiC-4井段）

角砾岩层段

KiC-4　　KiB-4

KiC-3　　KiB-3

KiC-2　　KiB-2

KiC-1　　KiB-1

KiB-8　　KiA-4

KiB-7　　KiA-3

KiB-6　　KiA-2

KiB-5　　KiA-1

生产井段

不整合面

最大驱替范围

停止生产井段

图 2.28　位于油藏东北部，经过角砾岩层段的生产深度纵向对比剖面 1—1′（据 Villaseñor-Rojas，2003）

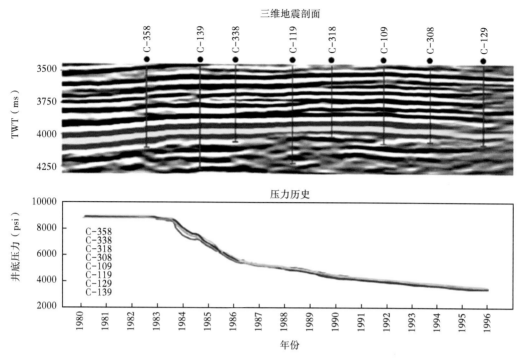

图 2.29　显示各井的拟合压力递减曲线（据 Villaseñor-Rojas，2003）

表 2.4　卡德纳斯油田相关参数（Cardenas-109 井）

参数	符号	数值
原始油藏压力	p_i	$61.54×10^6$ Pa
压降	p	20Pa
油藏深度	D	3969m
地层厚度	h	270m
原生孔隙度	ϕ_1	0.015
原生渗透率	k_1	$395×10^{-17}$ m²
次生孔隙度	ϕ_2	0.11
次生渗透率	k_2	$196×10^{-10}$ m²
原油黏度	μ_o	0.00066Pa·s
油藏温度	T	124℃
碎屑半径	r	0.08m
溶洞半径	R	0.03m
汇和源	Q	1m²/s
原油相对密度（15.6℃）	γ_o	0.720

表 2.5 卡德纳斯油田相关参数（Cardenas-129 井）

参数	符号	数值
原始油藏压力	p_i	$61.54 \times 10^6 Pa$
压降	p	$20Pa$
油藏深度	D	$4002m$
地层厚度	h	$382m$
原生孔隙度	ϕ_1	0.017
原生渗透率	k_1	$329 \times 10^{-17} m^2$
次生孔隙度	ϕ_2	0.06
次生渗透率	k_2	$92 \times 10^{-10} m^2$
原油黏度	μ_o	$0.00066Pa \cdot s$
油藏温度	T	124.5℃
碎屑半径	r	$0.08m$
溶洞半径	R	$0.01m$
汇和源	Q	$1m^2/s$
原油相对密度（15.6℃）	γ_o	0.720

表 2.6 卡德纳斯油田相关参数（Cardenas-308 井）

参数	符号	数值
原始油藏压力	p_i	$61.54 \times 10^6 Pa$
压降	p	$20Pa$
油藏深度	D	$3948m$
地层厚度	h	$293m$
原生孔隙度	ϕ_1	0.015
原生渗透率	k_1	$358 \times 10^{-17} m^2$
次生孔隙度	ϕ_2	0.05
次生渗透率	k_2	$89 \times 10^{-10} m^2$
原油黏度	μ_o	$0.00066Pa \cdot s$
油藏温度	T	124.1℃

参数	符号	数值
碎屑半径	r	0.08m
溶洞半径	R	0.01m
汇和源	Q	$1m^2/s$
原油相对密度（15.6℃）	γ_o	0.720

图 2.30 显示了 Cardenas-109 井、Cardenas-129 井和 Cardenas-308 井的数据。根据该图，由于沉积角砾岩和溶洞地质事件并存，Cardenas-109 井具有较高的累计产油量（>20×10^6bbl）。溶洞孔隙度是由与压力和温度降低有关的溶蚀作用、高腐蚀性热液的循环作用产生的，同时角砾岩沉积物受溶解作用和白云化作用后暴露于地表受到侵蚀也会形成孔隙。此外，尽管图 2.30 中显示的产量（12×10^6~20×10^6bbl）小于 Cardenas-109 井，但 Cardenas-129 井的累计油产量与孔隙度是相关的。Cardenas-308 井地质描述与沉积角砾岩层段有关。与其他两口井相比，其产量（6×10^6~12×10^6bbl）较低（图 2.30），但可以认为角砾岩层段油的存储能力较高，即原油主要储集在原生孔隙中。

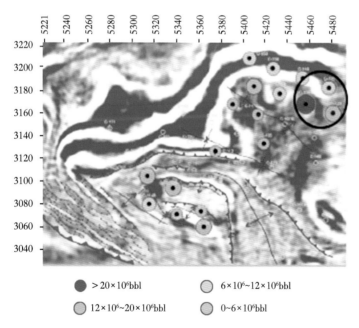

图 2.30　卡德纳斯油田油井累计产油量：Cardenas-109 井、Cardenas-129 井
和 Cardenas-308 井（据 Villaseñor-Rojas，2003）

根据图 2.28 至图 2.30，由于卡德纳斯油田的储层岩石类型多样，即意味着较高体积流量和流体速度，有必要计算不同类型储层的储量和渗流速度。

研究中应用流体运动学方程作为半定量诊断工具，以确定三口研究井的流体速度和流动特征。使用含有对应几何形状参数的式（2-59）、式（2-60）和式（2-73）来计算沉积角砾岩、溶洞和叠加流动（沉积角砾岩和溶洞）的速度和流量。流体速度有助于解释地质不连续体的类型，而且有必要考虑静态特征，以减少计算速度和流量值时的不确定性。沉积角砾岩的孔隙率和渗透率特征表明其可能储存石油，考虑到 Cardenas-308 井沉积角砾岩中的流体速度较低，碎屑在流体流动过程中是流动屏障，因此对运动学方程展开验证。这表明流体流动的路径可能是缓慢且曲折的，因而它的速度和流量都很低。表 2.7 的数据证实了这一假设。

考虑到溶洞是没有流动障碍的空腔，通常与石灰岩基质相连，因此在对 Cardenas-129 井进行研究时考虑了高油流速度。

该储层的孔隙是流体流动的一种优先通道。当岩石中存在与储集原油相连通的溶洞时，由于存在油自由流动的通道，生产条件非常优越。相比之下，Cardenas-129 井的产量应大于 Cardenas-308 井的产量。这项设想在表 2.7 中得到验证。

表 2.7　卡德纳斯油田 Cardenas-109 井、Cardenas-129 井和
Cardenas-308 井计算的速度和流量

不连续体	井号	速度和体积流量			
		u（m/s）	u_r（m/s）	u_θ（m/s）	q（m³/s）
角砾岩 + 溶洞	Cardenas-109	0.0350	0.0129	0.0314	2550.5
溶洞	Cardenas-129	0.0146	0.0035	0.0142	2131.1
沉积角砾岩	Cardenas-308	0.0096	0.0068	0.0068	826.9

Cardenas-109 井呈现复杂地质事件并置特征。沉积角砾岩储集流体，而溶洞在具有孔隙（储集）和次生渗透性（运输）的特征下通过与多孔介质的连通来储集和运输流体。然后，将前面陈述的并置事件应用于地质事件迭加中，所得出的方程是线性的，它们是拉普拉斯方程的解，这也是本书建立的解析模型的一个特点。因此，在该井必然获得最大产油量，这一点在表 2.7 中得到证明。

表 2.7 显示了使用 Cardenas-109 井、Cardenas-129 井和 Cardenas-308 井输入参数获得的结果。模型验证中所选井的产量各不相同，因此，流体速度和流量也不同，它们与溶洞、沉积角砾岩及其并置的地质事件等有关。

油井生产特征与复杂石灰岩储层现象有关。这里的关键点是沉积角砾岩含有阻碍流体流动的嵌入碎屑，但它们可以存储石油。碎屑与流体相互作用的复杂程度取决于碎屑直径及其间距。对于溶洞，则取决于它们的相互连通关系。当不同的地质事件并置且相互关联时，如 Cardenas-109 井，石油产量就很高。

本书之所以选择卡德纳斯油田，是因为该油田地的质控制因素和现场生产数据已公开发表且有相当深入的研究，主要数据来源于该博士论文（Villaseñor-Rojas，2003）。

2.19　数学模型小结

表 2.8 和表 2.9 总结了本书中描述的地质事件及其建立的数学模型，同时也采用不同的图形对露头、岩心和流线进行演示。其目的是比较多孔介质中流体的流动特征和各种不连续体之间的差异。

表 2.8 裂缝、冲击角砾岩和断层角砾岩的数学模型总结

地质事件	岩心	露头	运动方程	运动学
构造裂缝			$\Psi = u_y \quad \Phi = u_x$ $u = U_\infty \quad v = 0$ $u_r = u\cos\beta \quad u_\theta = u\sin\beta$	
断层角砾岩			$\Psi = \dfrac{1}{2}ur^2\sin^2\theta - \dfrac{Q}{4\pi}(1+\cos\theta)$ $u_\theta = -u\sin\theta$ $\Phi = ur\cos\theta - \dfrac{Q}{4\pi r}$ $u_r = u\cos\theta + \dfrac{Q}{4\pi r^2}$	
冲击角砾岩			$\Psi = \dfrac{r^2}{2}u\left(1 - \dfrac{3a_o}{2r} + \dfrac{a_o^3}{2r^3}\right)\sin^2\theta$ $u_\theta = u\left(-1 + \dfrac{3a_o}{4r} + \dfrac{a_o^3}{4r^3}\right)\sin\theta$ $\Phi = u\left(r - \dfrac{3a_o}{4} + \dfrac{a_o^3}{4r^3}\right)\cos\theta$ $u_r = u\left(1 - \dfrac{3a_o}{2r} + \dfrac{a_o^3}{2r^3}\right)\cos\theta$	

a Ortuño(2012)。

b Grajales(2000)。

表 2.9 沉积角砾岩和溶洞数学模型总结

地质事件	岩心	露头	运动方程	运动学
沉积角砾岩			$\Psi = \dfrac{Q}{2\pi}(\theta_1 - \theta_2) + U_y$ $u_x = \dfrac{Q}{2\pi}\left[\dfrac{x' - l/2}{(x'-l/2)^2 + y'^2} - \dfrac{x'+l/2}{(x'+l/2)^2 + y'^2}\right] + U$ $u_r = -\dfrac{Q}{2\pi}\left[\dfrac{y'}{(x'-l/2)^2 + y'^2} - \dfrac{y'}{(x'+l/2)^2 + y'^2}\right]$ $\Phi = \dfrac{Q}{2\pi}(\cos\theta_1 - \cos\theta_2) + U_y$ $\theta_1 = \tan^{-1}\dfrac{y'}{x'-l/2}$ $\theta_2 = \tan^{-1}\dfrac{y'}{x'+l/2}$	
溶洞			$\Psi = \dfrac{ku^*}{2}(AN^2 + BN^4)\sin^2\theta$ $u_\theta = -\dfrac{36r^3 + 60\sigma rk}{R^2 + 10\sigma k + 20k}u^*\sin^2\theta$ $u_r = \dfrac{9r^3 + 30\sigma rk}{R^2 + 10\sigma rk + 20k}u^*\sin\theta\cos\theta$ $\Phi = \dfrac{\mu\sin\theta\cos\theta}{R^2 + 10\sigma rk + 20k}\left(\dfrac{9r^4}{4} + 15\sigma r^3 k^3\right)$	

a SENER-Conacyt（2013）。

2.20 符号说明

x，y，z —笛卡尔坐标系中的坐标轴；

$(r，\theta)$ —径向角坐标；

u—x 方向的流体速度，m/s；

v—y 方向的流体速度，m/s；

w—z 方向的流体速度，m/s；

h—垂直距离，m；

μ—液体黏度，Pa·s；

t—时间，s；

ρ—密度，kg/m³；

β—倾斜角，（°）；

a—裂缝开度，m；

a_0—冲击碎屑半径，m；

p—压力，Pa；

γ—流体相对密度；

q—体积流量，m³/s；

A—面积，m²；

U—上端平板速度，m/s；

U_∞—水平流动均匀速度，m/s；

$\bar{u}$—平均流速，m/s；

u_{max}—最大流体速度，m/s；

u_r—径向速度，m/s；

u_θ—角速度，m/s；

Q—线性汇或源，m²/s；

x—水平距离，m；

Φ—速度势，m²/s；

Ψ—流函数，m²/s；

r—碎屑半径，m；

θ—碎屑角，（°）；

θ_1—源角，（°）；

θ_2—源角，（°）；

k—渗透率，m²；

σ—滑脱系数；

ϕ—多孔介质的孔隙度；

R—球形洞穴半径，m；

N—归一化径向坐标；

X—球形洞穴归一化半径；

*—多孔介质的平均值。

参 考 文 献

Alhuthali, A. , Lyngra, S. , Widjaja, D. , et al. (2011). A holistic approach to detect and characterize fractures in a mature middle eastern oil field. *Saudi Aramco Journal of Technology*. (Fall).

Baker, W. (1955). Flow in fissured formation: 5th World Petroleum Cong. Proc. , Sec. II/E: 379-393.

Barton, R. , Bird, K. , García, J. Grajales-Nishimura, J. , et al. (2010). High-impact reservoirs. *Oilfield Review*, 21 (4), 14-29 (Winter 2009/2010).

Bird, R. B. , Stewart, W. E. , & Lightfoot, E. N. (2002). *Transport phenomena* (2nd ed. , pp. 122-125). New York: John Wiley & Sons.

Bogdanov, I. , Mourzenko, V. , Thover, J-F. , et al. (2003). Pressure drawdown well tests in fractured porous media. *Water Resources Research*, 39 (1), 1021. https: //doi. org/10. 1029/2000WR000080, 2003.

Cervantes, A. , & Montes, L. (2014). The stratigraphic-sedimentology model of upper cretaceous to oil exploration field "Campeche Oriente". Paper SPE 169461-MS Presented at the SPE Latin American and Caribbean Petroleum Engineering Conference, Maracaibo, Venezuela, 21-23 May.

Choquette, P. W. , & Pray, L. C. (1970). Geologic nomenclature and classification of porosity in sedimentary carbonates. *AAPG Bulletin*, 54 (2), 207-250.

Cruz, L. , Sheridan, J. , Aguirre, E. , Celis, E. , et al. (2009). Relative contribution to fluid flow from natural fractures in the cantarell field, Mexico. Paper SPE-122182-MS Presented at the Latin American and Caribbean Petroleum Engineering. Cartagena de Indias, Colombia, 31 May-3 June.

Currie, I. (2003). *Fundamental mechanics of fluids* (3rd ed. , pp. 161-195). New York: Marcel Dekker.

De Swaan, O. A. (1976). Analytical solutionsfor determining naturallyfracturedreservoir properties by well testing. *SPE Journal*, 16 (3), 117-122. https: //doi. org/10. 2118/5346-PA. (SPE 5346-PA).

Douglas, J. F. , Gasiorek, J. M. , Swaffield, J. A. , et al. (2005). *Fluid mechanics* (5th ed. , pp. 212-254). New York: Pearson Prentice Hall.

Dressler, B. O. , Sharpton, V. L. , Morgan, J. , Buffler, R. , Moran, D. , Smit, J. , et al. (2003). Investigating a 65-Ma-old smoking gun: Deep drilling of the Chicxulub impact structure. *Eos Transactions AGU*, 84, 125-131.

Enos, P. (1985). Cretaceous debris reservoir, Poza Rica field, Veracruz, México. In P. O. Roehl, & P. W. Choquette (Eds.), *Carbonate petroleum reservoir*, Chap 28 (455-470). New York: Springer.

Faber, T. E. (1995). *Fluid dynamics for physicists* (1st ed. , pp. 129-131). Cambridge: Cambridge University Press.

Fossen, H. (2010). *Structural geology* (1st ed. , pp. 119-121). Chap. 7. New York: Cambridge University Press.

Grajales, J. M. , Morán, D. J. , Padilla, P. , et al. (1996). The Lomas Tristes Breccia: A KT impact related brecia from southern México. In *Geological Society of America*, *Abstract with Programs* (Vol. 28, p. A-183).

Grajales-Nishimura, J. M. , Murillo-Muñeton, G. , Rosales-Domínguez, C. , et al. (2009). The Cretaceous-Paleogene boundary Chicxulub impact: Its effect on carbonate sedimentation on the western margin of the Yucatan Platform and Nearby Areas. In *Petroleum systems in the southern Gulf of Mexico*: *The American Associaton of Petroleum Geologists (AAPG)*. *Memoir*, (Vol. 90, pp. 315-335).

Grajales-Nishimura, J. M. , Cedillo-Pardo, E. , Rosales-Domínguez, C. R. , et al. (2000). Chicxulub impact: The origen of reservoir and seal facies in the southeastern Mexico oil fields. Geology, 28 (4), 307-310.

Gudmundsson, A. (2011). *Rock fractures in geological processes*. Chapters 15 and 16, (pp. 466-520). Cambridge: Cambridge University Press.

Hildebrand, A. R. , Penfield, G. T. , Kring, D. A. , et al. (1991). Chicxulub crater: A possible Cretaceous/

Tertiary boundary impact crater on the Yucatán a Peninsula, Mexico. *Geology*, 19 (9), 867–871.

Iverson, R. (1997). The physics of debris flows. *Reviews of Geophysics*, 35 (3): 245–296. (Washington: American Geophysical Union).

Keller, G. , Adatte, T. , Stinnesbeck, W. , Rebolledo-Vieryra, R. , Urrutia, J. , Kramar, U. , et al. (2004a). Chixculub impact predates the K–T boundary mass extinction. In *The National Academy of Sciences of the USA*. *PNAS* (Vol. 101, Issue 11, pp. 3753–3758). (March 16).

Keller, G. , Addatte, T. , Stinnesbeck, W. , Stüben, D. , et al. (2004b). More evidence that the Chicxulub impact predates the K/T mass extinction. *Meteoritics & Planetary Science*, 39 (7), 1127–1144.

Kinoshita, M. , Tobin, H. , Ashi, J. , Kimura, G. , Lallemant, S. , Screaton, E. , Curewitz, D. , Masago, H. , & Moe, K. T. (2009). Expedition 316 site C0004. In *Expedition* 316 *scientists: Proceedings of the Integrated Ocean Drilling Program* (vol. 314/315/316). Washington, DC: Integrated Ocean Drilling Program Management International, Inc.

Koenraad, J. W. , & Bakker, M. (1981). Fracture and vuggy porosity. Paper SPE 10332 Presented at the 56th Annual Fall Technical Conference and Exhibition and Conference, San Antonio, Texas, 5–7 October.

Kring, D. , Hörz, F. , Zurcher, L. , & Urrutia, J. (2004). Impact lithologies and their emplacement in the Chicxulub impact crater: Initial results from the Chicxulub Scientific Drilling Project, Yaxcopoil, Mexico. *Meteoritics & Planetary Science*, 39 (6), 879–897.

Lee, J. , Rollins, J. B. , & Spivey, J. P. (2003). *Pressure transient testing*. Chap 1, 9. Richardson, Texas: Series, SPE.

Levi, E. (1965). *Mecánica de los Fluidos, Introducción Teórica a la Hidráulica Moderna, primera edición* (pp. 87–99). México: Universidad Autónoma de México.

Levresse, G. , Bourdet, J. , Tritlla, J. , et al. (2006). Evolución de los Fluidos Acuosos e. Hidrocarburos en un Campo Petrolero Afectado por Diapiros Salinos. AMGP. Plays y Yacimientos de Aceite y Gas en Rocas Carbonatadas. 15–17 Marzo, Cd Del Carmen Campeche. México.

Lopez-Ramos, E. (1975). Geological summary of the Yucatán Peninsula in The Ocean Basins and Margins. In A. E. M. Nairn, & F. G. Stehli (Eds.), *The gulf of Mexico and the Caribbean* (Vol. 3, pp. 257–282). New York: Plenum Press.

Lopez-Ramos, E. (1983). *Geología de México* (3rd ed.). Mexico: Universidad Nacional Autónoma de México. Mexico City.

Lucia, F. J. (2007). *Carbonate reservoir characterization An integrated approach* (2nd ed. , pp. 29–67). Berlin: Springer.

Manceau, E. , Delamaide, E. , Sabathier, J. C. , Julian, S. , Kalaydjian, F. , et al. (2001). Implementing convection in a reservoir simulator: A key feature in adequately modeling the exploitation of the cantarell complex. SPE Reservoir Evaluation and Engineering, 4 (2): 128–134. http: //dx. doi. org/ 10. 2118/71303–PA. (SPE 71303–PA).

Manrique, E. , Gurfinkel, M. , & Muci, V. (2004). Enhanced oil recovery field experiences in carbonate reservoirs in the United States. In Proceedings of the 25th Annual Workshop & Symposium Collaborative Project on Enhanced Oil Recovery. Stavanger, Norway: International Energy Agency. (September).

Martinez-Angeles, R. , Hernández-Escobedo, L. , & Perez-Rosales, C. (2002). 3D quantification of vugs and fractures networks in limestone cores. Paper SPE 77780 Presented at the SPE Annual Technical Conference, San Antonio, Texas, 29 September–2 October.

Mayr, S. I. , Burkhardt, H. , & Popov, Y. (2008). Estimation of hydraulic permeability considering the micro morphology of rocks of the borehole YAXCOPOIL-1 (Impact crater Chicxulub, México). International Journal of Earth Sciences (Geol Rundsch), 97, 385–399. http: //dx. doi. org/10. 1007/ s00531-007-0227-6.

McKeown, C. , Haszeldine, R. S. , & Couples, G. D. (1999). Mathematical modelling of groundwater flow at Sellafield, UK. Engineering Geology, 52, 231–250.

McMechan, G. A. , Gaynor, G. C. , & Szerbiak, R. B. (1997). Use of ground–penetrating radar for 3–D sedimentological characterization of clastic reservoir analogs. Geophysics, 62 (3), 786–796.

Mees, F. , Swennen, R. , Geet, M. V. , et al. (2003). Applications of X–ray computed tomography in the geosciences (1st ed.). The Geological Society London.

Moctezuma, A. (2003). Déplacements immiscibles dans des carbonates vacuolaires: expérimentations et modélisation. Thèse de doctorat, Institut du Physique du Globe de Paris, Paris (Juillet, 2003).

Murillo–Muñetón, G. , Grajales–Nishimura, J. M. , Cedillo–Pardo, E. , et al. (2002). Stratigraphic architecture and sedimentology of the main oil–producing stratigraphic interval at the cantarell oil field: The K/T boundary sedimentary succession. Paper SPE 74431 Presented at the International Petroleum Exhibition and Conference, Villahermosa, México, 10–12 February.

Muskat, M. (1946). The flow of homogeneous fluids through porous media (1st ed. , pp. 55–113). United Stated, Michigan: J. W. Edward Inc. & Ann Arbor.

Neale, G. H. , & Nader, W. K. (1974). The permeability of a uniformly vuggy porous. SPE Journal, 13 (2): 69–74. http: //dx. doi. org/10. 2118/3812–PA. (SPE 3812–PA).

Nelson, R. A. (2001). Geologic analysis of naturally fractured reservoirs (2nd ed.). Houston, Texas: Gulf Publishing Company.

Ortuño, E. (2012). Características de la Brecha Híbrida (Estéril, BP0 o Transicional) y su Potencial como Roca Yacimiento en la Sonda de Campeche. Presentación Oral dada en el Congreso Mexicano del Petróleo. Ciudad de México, México, 9–14 Septiembre.

PEMEX Exploración y Producción: Las Reservas de Hidrocarburos en México. 1 de Enero de 2014. México, D. F. p 107.

Penfield, G. T. , & Camargo, Z. (1981). Definition of a major igneous zone in the central Yucatán a platform with aeromagnetics and gravity. In Technical program, Abstracts and biographies (Society of exploration geophysicists) (p. 37). Society of Exploration Geophysicists, Los Angeles, California, USA.

Perez–Rosales, C. (1969). Determination of geometrical characterisitics of porous media. Journal of Petroleum Technology, 8, 413–416.

Potter, M. , Wiggert, D. , & Ramadan, B. (2012). Mechanics of fluids (4th ed. , pp. 281–287). United States: CENGAGE Learning.

Pringle, J. K. , Howell, J. A. , Hodgetts, D. , et al. (2006). Virtual outcrop models of petroleumll reservoir analogues: a review of the current state–of–the–art. First Break EAGE, 24, 33–42. (Technical article).

Rangel–German, E. R. , & Kovscek, A. R. (2005). Matrix–fracture shape factors and multiphase–flow properties of fractured porous media. SPE 95105–MS Presented at the SPE Latin American and Caribbean Petroleum Engineering Conference held in Rio de Janeiro, Brazil, 20–23 June, http: //dx. doi. org/10. 2118/95105–MS.

Rebolledo–Vieyra, M. , & Urrutia–Fucugauchi, J. (2004). Magnetostratigraphy of the impact breccias and post–impact carbonates from borehole Yaxcopoil–1, Chicxulub impact crater, Yucatán, Mexico. *Meteoritics & Planetary Science*, 39 (6), 821–829.

Rivas–Gómez, S. , Cruz–Hernández, J. , González–Guevara, J. A. , et al. (2002). Block size and fracture permeability in naturally fractured reservoirs. Paper SPE 78502 Presented at the 10th International Petroleum Exhibition and Conference, Abu Dhabi, 13–16 October.

SENER–Conacyt. (2013). Proyecto de Investigación 85235.

Shen, F. , Pino, A. , Hernandez, J. , et al. (2008). Characterization andmodeling study of the carbonatefractured reservoir in the cantarell field Mexico. Paper SPE 115907 Presented at the SPE Annual Technical Conference and Exhibition, Denver, Colorado, USA, 21-24 September.

Stearns, D. W., & Friedman, M. (1972). *Reservoir in fractured rock: Geologic exploration methods* (pp. 82-106). AAPG Special Volumes. Texas.

Stearns, D. W. (1992). *Fractured reservoirs schools notes*. Great Falls, Montana: AAPG.

Stinnesbeck, W., Keller, G., Adatte, T., et al. (2004). Yaxcopoil-1 and the Chicxulub impact. *International Journal of Earth Sciences (Geol Rundsch)*, 93, 1042-1065. http: //dx. doi. org/10. 1007/s00531-004-0431-6.

Stinnesbeck, W., Keller, G., Adatte, T., Harting, M., Kramar, U., & Stüben, D. (2003). Yucatán subsurface stratigraphy based on the Yaxcopoil-1 drill hole (abstract #10868). *Geophysical Research Abstracts*, 5.

Stöffler, D., Artemieva, N. A., Ivanov, B. A., et al. (2004). Origin and emplacement of the impact formations at Chicxulub, Mexico as revealed by the ICDP deep drilling at Yaxcopoil-1 and by numerical modeling. *Meteoritics & Planetary Science*, 39 (6), 1035-1067.

Streeter, V. (1961). *Handbook of fluid dynamics* (1st ed.). New York: McGraw-Hill Book Company.

Tuchscherer, M. G., Reimold, U. W., Koeberl, C., & Gibson, R. L. (2004). Major and trace element characteristics of impactites from the Yaxcopoil-1 borehole, Chicxulub structure, Mexico. *Meteoritics & Planetary Science*, 39 (6), 955-978.

Urrutia-Fucugauchi, J., Camargo-Zanoguera, A., Pérez-Cruz, L., & Perez-Cruz, G. (2011). The Chicxulub multi-ring impact crater, Yucatan carbonate platform, Gulf of Mexico. *Geofísica Internacional*, 50 (1), 99-127.

Urrutia-Fucugauchi, J., Perez-Cruz, L., & Camargo-Zanoguera, A. (2013). Oil exploration in the Southern Gulf of Mexico and the Chicxulub impact. *Geology today*, 29 (5). (Blackell Publishing Ltd, The Geologist's Association & The Geological Society of London).

Villaseñor-Rojas, P. (2003). Structural evolution and sedimentological and diagenetic controls in the lower cretaceous reservoirs of the cardenas field, Mexico. Ph. D. dissertation, Ecole Doctorale Sciences et Ingenierie De l' Université de Cergy-Pontoise (December).

Voelker, J. (2004). *A reservoir characterization of Arab-D super-K as a discrete fracture network flow system, Ghawar Field, Saudi Arabia*. Ph. D. dissertation, Stanford University, Stanford (December 2004).

Warsi, Z. U. A. (1999). *Fluid dynamics, theoretical and computational approaches* (2nd ed. , pp. 238-243). New York: CRC Press.

Wenzhi, Z., Suyun, H., Wei, L., Tongshan, W., & Yongxin, L. (2014). Petroleum geological features and exploration prospect of deep marine carbonate rocks in China onshore: A further discussion. *Natural Gas Industry*, 34 (4), 1-9.

Witherspoon, P., Wang, J., Iwai, K., et al. (1980). Validity of cubic law for fluid flow in a deformable rock fracture. *Water Resources Research*, 16, 1016-2024.

Wittmann, A., Kenkmann, R., Schmitt, T., et al. (2004). Impact-related dike breccia lithologies in the ICDP drill core Yaxcopoil-1, Chicxulub impact structure, Mexico. *Meteoritics & Planetary Science*, 39 (6), 931-954.

Woodcock, N. H., & Mort, K. (2008). Classification of fault breccias and related fault rocks. *Rapid Communication*, 145 (03), 435 - 440. http: //dx. doi. org/10. 1017/S0016756808004883. (Geological Magazine, Cambridge University).

Wu, Y. S., Di, Y., Kang, Z., et al. (2011). A multiple-continuum model for simulating single-phase and multiphase flow in naturally fractured vuggy reservoirs. Journal of Petroleum Science and Engineering, 78, 13-22.

Zimmerman, R. W., & Yeo, I. (2000). Fluid flow in rock fractures: From the Navier-Stokes equations to the cubic law. In B. Faybishenko, P. A. Witherspoon, & S. M. Benson (Eds.) Dynamics of Fluids in Fractured Rock (pp. 213-224). Washington: American Geophysical Union.

3 天然裂缝性碳酸盐岩油藏的三元分类法、静态分类法和动态分类法

天然裂缝性碳酸盐岩油藏需要根据主要不连续体的识别和评价，以及动态参数和静态参数进行分类。不连续体会表现出相应的地质特征和流动特征，这些特征可能会由各种油藏静态、动态模型表现出来。一个完整的分类对于优化油藏管理和油气生产至关重要。

本章介绍了一种半定量的方法来对包含不连续体，如构造裂缝、沉积角砾岩、溶洞、冲击角砾岩、洞穴、断层角砾岩或它们的组合的天然裂缝性储层进行分类，并考虑了它们的流动模型和流动模式。所给出的分类方法是利用地质参数（如压实程度和主要不连续体）以及流体流动参数（存储比、窜流系数等）来进行分类的。根据不同来源的静态、动态数据的相结合可以实现可靠的分类。并据此确定了至少9种类型的储层。

为了验证这一方法，对世界各地的裂缝性油藏进行了分类，如坎塔雷尔油藏和加瓦尔油藏，它们分别是墨西哥和沙特阿拉伯的超级巨型油藏。对于油藏案例研究，提出、定义并描述了分类中所提及油藏类型之间的区别，并分析了静态参数、动态参数差异。最重要的发现为，对油藏的理解和分类可以避免流体流动描述方面的问题。例如与冲击角砾岩相关的地层分类，由于渗透性低，可能不会出现流体在基质中的流动，因此需要对未来提高采收率方法或增产措施的应用进行具体规划。文献中已有的其他分类均有涉及并纳入本书中，它们是本书中所提出分类方案的特殊情况，即以前的分类是针对地质、岩石物理和流体流动等方面的分类，没有考虑流动模型和流动模式。

三元分类的新颖之处在于，它结合地质和开发认识，提供了一种比较真实的、可对比天然裂缝性油藏特征的方法。另一个值得特别注意的方面是描述了裂缝系统中的不连续体，从而有助于制定更优的油田开发策略，提高采收率。

3.1 分类建议

裂缝性油藏认识的进步对于裂缝性油藏的优化管理至关重要。关于天然裂缝性碳酸盐岩油藏分类所提出的建议为具有平面和非平面不连续体的非均质地层的流动特征（动力学）和分析提供了合理的解释。这一新方法扩展并修正了传统的天然裂缝性碳酸盐岩油藏分类方法；它是定量的方法，具有与基质—不连续体之间流体交换机制、存储关系和压实相关的相互依赖的参数，适用于天然裂缝性碳酸盐岩油藏中存在不同类型地质不连续体的情形。因此，由于考虑了多个不连续体之间的相互关系，这种分类方法可用于整体开发策略研究。

天然裂缝性碳酸盐岩油藏的分类方法有多种，例如：

（1）静态定性分类（Streltsova-Adams，1978；Saidi，1987；Aguilera，2003）。

（2）静态定量分类（Nelson，2001；Bratton等，2006），以及纳尔逊方案的改进（Soto等，2011）。

（3）定性动态分类（Cinco-Ley，1996）。

（4）半动态定量分类（Gilman 等，2011）。

现有碳酸盐岩裂缝性储层分类包括成因、几何、裂缝—基质流体交换和岩石物理性质几个方面，但不连续体对流体流动系统和模式的影响描述甚少。本章的目的是建立一种适用于碳酸盐岩油藏的三元分类法，包括不连续体类型、流动模式、基质—不连续体之间流体交换。

3.2　三元分类方案须考虑的因素

该分类方案考虑了区分天然裂缝性碳酸盐岩油气藏与其他类型油气藏的标准。因此，地层必须有足够的孔隙度来存储流体，也必须有足够的渗透率能把石油开采出来。换言之，溶洞、高渗透通道、裂缝、洞穴和角砾岩均可能会略微使孔隙度增加，但渗透率可能会大幅增加，因为它取决于这些不连续体的规模大小。在本书中，如果存在平面或非平面不连续体，则将该天然裂缝性碳酸盐岩油藏定义为具有油气生产能力油藏中的一种。分类假设如下：

（1）天然裂缝性碳酸盐岩油藏具有平面和非平面不连续体。

（2）天然裂缝性碳酸盐岩油藏呈现多重孔隙度和多重渗透率特征。

（3）不连续体必须相互连通，具备油气生产能力。

（4）不考虑孤立的不连续体。

（5）油气生产过程中存在主要的不连续体。

（6）储层中存在基质—不连续体流体交换机制和存储关系。

（7）它可以应用于真正的天然裂缝性碳酸盐岩油藏。

（8）天然裂缝性碳酸盐岩油藏被视为复合多孔介质。

（9）多孔介质中流体流动受压差控制。

3.3　天然裂缝性碳酸盐岩油藏三元分类

在本节中，将介绍一种新的分类方法，以强调相互连通的不连续体、它们的储容比、流体交换（基质—不连续体）和压实的重要性。这种分类是通过一个等边三角图形来表示的，类似于一个顺时针方向的二维三元图。

图 3.1 显示了九种类型的天然裂缝性碳酸盐岩油藏，它们与储层的静态和动态特征密切相关，通过定量参数与地质不连续体相关联，如压实系数 C、储容比 ω 和窜流系数 λ，归一化后介于 0~1。从工程角度看，归一化参数可以量化并指示裂缝性储层的类型；该内容将在下一节中进行说明。此外，图 3.1 展示了一个红色三角形，该三角形集成了定量参数以及各种内部直线或中间线，即地质不连续体分界线。这些线相交于一点，称为地质不连续体的重心或交点。

三元分类的基础是不连续体分布的理论，即油藏内部相互连通的非均质体的空间分布。换言之，每个不连续体影响或与天然裂缝性碳酸盐岩油藏内部的渗透率、孔隙度、流体流动、流体流动模式、不连续体—基质流体交换、储存能力和产能等参数相关。

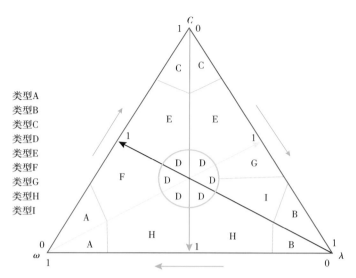

图 3.1　天然裂缝性碳酸盐岩油藏的三元分类、静态分类和动态分类

与不连续体有关的成岩作用和沉积环境使碳酸盐岩中的孔隙系统成为孔隙度和渗透率的屏障，影响储层的质量。因此，不连续体可以通过提供局部流体运移通道来控制石油的生产和分布。

Choquette 和 Pray（1970），Lucia（2007）根据碳酸盐岩的孔隙类型进行了分类；这些分类是按照孔隙空间的成因和岩石物理性质分类。这些分类提出了许多对油藏开发意义不大或根本没有意义的次要孔隙类型；因此，它们是孔隙空间分类方法。不连续体是一种孔隙空间，可以用孔隙类型分类来描述，即当在天然裂缝性碳酸盐岩油藏中考虑不连续体时，孔隙空间类型已经隐含在内了。

各种类型孔隙的孔隙度对于静态油藏描述是必不可少的，但它们不能解释流体在天然裂缝性碳酸盐岩油藏中的流动方式。从工程的角度来看，需要使用动态参数进一步表征。这些裂缝性碳酸盐岩油藏的参数和类型将在下一节讨论。

在碳酸盐岩地层中，采收率取决于渗流系统的几何形状和拓扑结构、孔隙表面粗糙度、迂曲度、流体性质、润湿性、驱替机理和压力分布。因此，采收率也与不连续体有关。

三元图分类相较于其他分类方案的不同之处在于其是定量划分方法，综合了真实天然裂缝性碳酸盐岩油藏的静态、动态特征，通过试井将地质不连续体和流体流动特征结合起来考虑。该分类方法可用于指导天然裂缝性碳酸盐岩油藏的开发策略。

3.4　三元分类参数

不连续体的存在改变了天然裂缝性碳酸盐岩油藏中的流体流动模式。换句话说，不连续体网络与基质共存，每个系统（基质或不连续体）具有不同的孔隙度、渗透率、可压缩性和几何结构。在试井中应用最为广泛的是使用 Warren-Root 模型来表示油藏中平面不连续体的几何结构。

分类方案的建议是基于储容比 ω、窜流系数 λ 和压实系数 C。

利用地质描述和试井结果（如裂缝性油藏的压降和压力恢复试验）可以计算储容比和窜流系数。这两个参数定义为：

$$\omega = 10^{-\Delta p/m^*} = \frac{(\phi Vc_t)_f}{(\phi Vc_t)_f + (\phi Vc_t)_m} \tag{3.1}$$

$$\lambda = \frac{(\phi Vc_t)_f \mu r_w^2}{\gamma \bar{k} t_1} = a r_w^2 \frac{k_m}{k_f} \tag{3.2}$$

储容比定义了裂缝系统与整个系统之间的相对关系，对于基质和裂缝系统，具有不同的孔隙度和压缩系数。如果基质的压缩系数等于裂缝的压缩系数，则表明尽管孔隙度不同，但裂缝—基质系统之间不存在水动力差异。因此，在裂缝—基质系统的压缩系数和孔隙度不同的情况下，由于多孔介质的面积缩小，必然就会形成压力梯度，从而产生流体流动。

在三元分类中，窜流系数反映了基质—裂缝之间的液体流动交换能力。换言之，考虑到窜流能力取决于形状因子 a、井眼半径 r_w、基质和裂缝渗透率，可以使用 $\lambda/ar_w^2 = k_m/k_f$ 来建立一个与窜流系数有关的无量纲比值。

压实作用指随着作用在地层上的上覆压力增加，导致孔隙空间减小的过程；在这些变化过程中，可以看到多孔介质的密度变得更大、孔隙度和渗透率降低以及孔隙填充流体产出。压实程度与孔隙度、深度的相关性通过下式表示：

$$\phi = \phi_i e^{-CD} \tag{3.3}$$

压实系数由声波测井确定。此外，假设岩石体积减少部分等于孔隙体积减少部分，可使用扩散方程描述岩石压实作用程度（Kohlhass 和 Miller，1969）。如果使用测井曲线，压实系数介于 0~1。当采用扩散方程或式（3.3）时，压实系数由特定深度计算的压实系数和同一地质时代最深处的地层计算的压实系数两者来确定。该压实系数表明地层孔隙度逐渐降低。通常采用回剥方法研究岩石的压实效应，通常页岩、砂岩和石灰岩的压实系数分别为 0.5、0.4 和 0.5。

3.5 地质不连续体分界线

天然裂缝性碳酸盐岩油藏三元分类的根本依据是利用动态参数和静态参数对地质不连续体进行描述和量化。三元图中有三条线（蓝线、黑线和黄线）来表示地质不连续体。地质事件的频率用于描述天然裂缝性碳酸盐岩油藏中非连续体的最大或最小影响。换言之，当频率等于 1 时，这意味着在天然裂缝性碳酸盐岩油藏中，每英尺深度上有一个以上的不连续体。例如，频率是否等于 1，意味着在测量的单位深度地层中能否观察到几个岩溶系统。

3.5.1 构造沉积角砾岩分界线

图 3.2 显示了构造—沉积角砾岩分界线（蓝线），把天然裂缝性碳酸盐岩油藏分为两个区域。第一个区域（右侧）描述了具有构造事件的储层，从根本上说它与构造裂缝和断层角砾岩有关。第二个区域（左侧）为沉积角砾岩，具体地说，由于岩石的成岩和固结作用，泥石流不具有线性或内部平面结构，因此无论地层深度如何，都可以观测到这些地质事件。

3.5.2　冲击角砾岩分界线

图 3.3 显示了冲击角砾岩分界线（黑线）。作为受冲击角砾岩影响的天然裂缝性碳酸盐岩油藏，如坎塔雷尔油田就可以由这一根分界线来描述。这类地质事件与小行星撞击地球时产生的抛射物质有关。同样，无论地层深度如何，都可以观测到该地质事件。

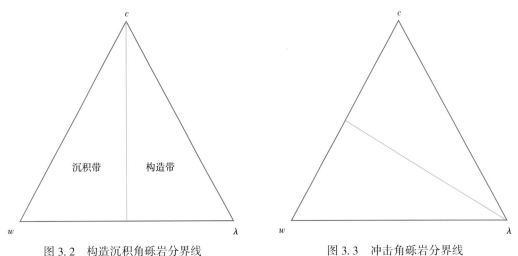

图 3.2　构造沉积角砾岩分界线　　　　　图 3.3　冲击角砾岩分界线

冲击角砾岩在地层中可能起到封闭作用。因此，它们的孔隙度可能高，也可能低，并且它们的高渗透性与其他地质事件的存在有关，因为撞击飞出的物质起着流动屏障的作用。因此，冲击角砾岩分界线不取决于深度；此外该地质事件可与高或低的孔隙度、中等渗透率联系在一起，表现出不同的窜流系数和储容比。

3.5.3　岩溶分界线

图 3.4 显示了溶解线（黄线），其目的是描述与化学成岩作用有关的溶洞、洞穴和溶解过程。无论地层深度如何，这种地质事件都可以在局部观察到，而且由于其渗透率高，因此在油气生产过程中起着非常重要的作用。

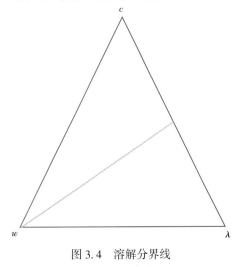

图 3.4　溶解分界线

由于化学溶解、大气降水作用或压力作用，碳酸盐很容易溶解。此外，溶蚀作用促进了渗透率的提高，并能增大构造裂缝的开度。

3.5.4　地质不连体分界线交点

天然裂缝性碳酸盐岩油藏在某种程度上受到构造裂缝、冲击角砾岩、溶洞、沉积角砾岩、洞穴和断层角砾岩的影响，它们有助于形成次生孔隙。地质不连续体的相交区域意味着天然地质不连续体对油藏不同区域所造成的影响，即油藏中存在不同类型的不连续体，其中某一种不连续体可能占主导地位。研究中将这一交点称为重心，在天然裂缝性碳酸盐岩油藏中可以同时观察到几个地质事件。

因此，特定的天然裂缝性碳酸盐岩油藏可以根据几个局部区域地质事件分为不同的类别。图3.1显示了地质不连续体分界线的相交情况。

3.5.5 裂缝性碳酸盐岩油藏分类

三元分类法根据岩心、岩石物性、露头和试井等静态资料、动态资料，区分岩石成因和物理性质。图3.1显示了这种三元分类法。

根据不同类型的地质不连续体特征，本书建议将天然裂缝性碳酸盐岩油藏分为九种类型。因此，如果不连续面主要是岩溶和冲击角砾岩分界线，则认为它位于沉积和构造带。一个主要的不连续体或地质事件与生产和储存能力有关，影响天然裂缝性碳酸盐岩油藏中的流体流动；因此这里存在较多的不连续体。例如，一个油藏虽然位于断层附近，但其主要地质事件可能会表现出沉积特征。

（1）类型A：单一介质。

类型A的天然裂缝性碳酸盐岩油藏是在裂缝密集的多孔介质中观察到的，可能与断层有关。此外，裂缝或平面不连续体嵌入到基质中，实际上它们代表了在基质—裂缝界面处狭窄不连续体的情况。因此，这些多孔介质中的流体处于动态平衡状态，可以认为是单一介质。

类型A油藏相当于均质油藏。也就是说，该系统的特征是受基质中高的孔隙度和渗透率控制，不连续体可以提高渗透率。尽管油气生产是整个孔隙系统的直接作用结果，但基质—裂缝间通过岩石—流体膨胀产生流体交换是瞬间发生的。

利用压力p与时间t（例如p与$\lg t$、p与$t^{1/2}$、p与$t^{1/4}$、p与$t^{-1/2}$、p与$1/t$、p与t）对应的径向、线性、双线性、球形、恒压边界和拟稳态流动的特殊关系图形估算得出的流体流动模式及其几何形状均存在于类型A油藏中。它们表现出较高的窜流系数、低储容比，以及强或中等压实程度。此外，不连续体也会形成流动屏障。

（2）类型B：单一不连续体。

单一不连续体油藏与构造裂缝系统或溶洞有关，不连续体与物性差的基质相连通；同时不连续体提供储存空间和渗流能力，以实现油气在储层中的流动。另外，没有明显发生基质到裂缝中的流体流动，因为基质的孔隙度和渗透率较低。因此，不会发生基质—不连续体之间的流体交换，流体仅与不连续体处于动态平衡状态。在共轭裂缝系统中可以观察到这类储层。

该类型油藏窜流系数低，渗透率与孔隙度差异大，储容比高。此外，压实程度为中等到较高。因此，这种单一的不连续体可以在埋藏大、裂缝发育的地层中观察到，油气是通过裂缝生产出来的。

利用试井关井恢复地层压力p和时间t的特征曲线可以估算天然裂缝性碳酸盐岩油藏类型A和B中径向流、定压边界条件、流动模型及油藏的几何形状等参数。

（3）类型C：弱压实复合介质。

类型C油藏考虑两种不同的介质。每种介质都位于不同的区域，这些区域由流动能力、孔隙度和渗透率定义。该体系可由孔隙度，两个区域的裂缝（f）和基质（m）的流动能力$(K_f h)_1$和$(K_m h)_2$来共同描述。这些储层局部受到构造和沉积（碎屑流）不连续体的影响，由高渗透区域和低渗透区域组成。此外，可以将复合介质视为是一个集成的多孔隙系统，沿径向发生变化。当基质中的渗透率和孔隙度都很低的情况下，裂缝为油井的产能提供渗流能力。

由于储层埋深较浅，压实程度较低。窜流系数和储容比都很高，这取决于区域的传导率。通常情况下，位于圆形高渗透区域中心的油井，其产能高于构造外围的油井。采用径向复合模型目的就是为了描述地层性质的变化。这些复合介质表现出弱压实作用，与断层角砾岩有关，且储层主要分布在褶皱顶部。

初期，关井压力恢复特征主要表征裂缝区域特点；随后，关井压力恢复特征主要受均质区域控制，显示出符合区域的差异；这种特征在压力导数函数（PDF）曲线中可观察到。另一方面，p 与 $\lg t$ 的特殊关系图可显示出存在拟稳态基质—裂缝流动阶段（Cinco-Ley，1996）。

（4）类型 D：多重孔隙度和渗透率。

类型 D 油藏中油井产能是最高的，因为井与不同的地质不连续体相连通，形成了多重孔隙度和渗透率。换句话说，天然裂缝性碳酸盐岩油藏中可能存在较多不连续体；因此这种类型的油藏位于三元分类图的重心附近，即表明多重地质事件叠置发生。

这类油藏利用考虑了中、高窜流系数和储容比等参数的双孔双渗模型可以较好地描述，具备较好的孔隙度和渗透率。此外此类埋深较大的油藏表现出中—高的压实系数。

在半对数图中观察到的压力特征，表现为两条平行的直线：即裂缝为主的流动阶段和整个系统（裂缝/基质）为主的流动阶段（Cinco-Ley，1996），表现为径向流动和双线性流动阶段。

（5）类型 E：中等压实的复合介质。

类型 E 油藏与类型 C 油藏相似，也同时考虑了两种不同的介质。这些储层局部受裂缝、冲击角砾岩、岩溶和泥石流的影响，由高渗区域和低渗区域组成。该系统由孔隙度、流动能力 $(k_f h)_1$ 和 $(k_m h)_2$ 等参数来共同描述。

在褶皱中，这些中等压实复合介质受到断层角砾岩、局部成岩作用等诸多因素影响。

压力响应特征表现出两个区域之间的差别，说明存在拟稳定状态的基质—裂缝流动。

（6）类型 F：流体流动屏障。

类型 F 油藏具有低至中等储容比、中至高的窜流系数。它们可能与冲击角砾岩的喷出碎屑和很少含裂缝的泥石流沉积物有关。通常，油井产能取决于裂缝或溶洞等是否发育。

压力响应特征表现为拟稳态流动，沉积碎屑和喷出碎屑通常使流体流动变得复杂，并形成流动屏障。储层的压实程度取决于储层埋深深度。

（7）类型 G：存在主要不连续体。

一些天然裂缝性碳酸盐岩油藏表现出一个主要的不连续体（平面或非平面），它们代表一个洞穴、可渗透断层或断层角砾岩，并充当一个巨大的渗流通道，以使整个油层实现泄油生产。不连续体的传导率决定了流动系统。

基质和主要不连续体都含有油气，表现出不同范围的窜流系数；然而，高储容比有助于油气的储存。相对于岩溶和裂缝，这些主要的不连续体由于并置的原因，具有复杂各向异性特点。

当井眼未直接钻遇主要不连续体时，则压力响应特征曲线存在径向流动阶段。在经过一个过渡期之后，油井的表现类似位于恒压边界附近，最终达到双线性流阶段（Cinco-Ley，1996）。

（8）类型 H：存在流体交换机制。

类型 H 油藏深部储层具有较高的压实程度，由于不连续体的存在，油藏的储容比受到限制，窜流系数有所差异，这意味着存在有效或较差的基质—不连续体之间的流体交换机制。基质—不连续体之间的流体交换耦合参数是径向、封闭系统的系统的重要参数。随着油气的不断采出，基质—不连续体系统压力的衰竭，多孔介质内压缩系数、渗透率和孔隙度会发生显著变化。

这些天然裂缝性碳酸盐岩油藏可能与构造和沉积体系有关，它们应该存在两种多孔介质，因此，双孔、双渗模型可以用来描述这类油藏的动态特征。

（9）类型I：冲击角砾岩，且含其他不连续体。

在没有其他不连续体（断层角砾岩、裂缝、溶洞、沉积角砾岩和洞穴）的情况下，天然裂缝性碳酸盐岩油藏中的冲击角砾岩由于撞击飞出的碎屑起到流动屏障作用，因此表现为低渗流流量。裂缝或断层角砾岩的存在是流体生产的主要渗流通道，而冲击角砾岩则主要是流体的储集空间。

一些天然裂缝性碳酸盐岩油藏含有冲击角砾岩，由于基质孔隙度高，储集的油气体积巨大。但是由于基质渗透性差，限制了流体的自由流动。因此，其他不连续体的存在对于油气流动是非常必要的。

类型I油藏的压力响应特征表现为径向流特征。在断层角砾岩和裂缝中能观察到双线性流动。另外，由于撞击作用飞出的碎屑具有撕裂的几何形状，也可能存在椭圆形流动。

3.6 广义三元分类

三元分类结合了文献中的其他分类，因为这一新方案是一个考虑了定量、成因、地质、岩石物理和动态特征的分类方法。此外，该分类方法无须与其他分类方法进行对比，因为该分类方法已经把其他分类方法都包括在内。

3.6.1 Ronald Nelson 的天然裂缝性油藏分类

图 3.5 展示了结合定量和静态分类的图形分类方法。该图形分类是基于多孔介质的渗透率和孔隙度，划分出了四种类型的储层。

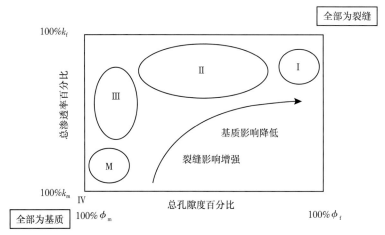

图 3.5　根据 Nelson 所采用的裂缝性油藏分类，绘制的储层孔隙度百分比与储层渗透率百分比（基质百分比与裂缝百分比）交会示意图（据 Nelson, 2001）

3.6.2 Gilman 的天然裂缝性油藏分类

在半定量图形分类中，重新定义了窜流系数和储容比的概念。尽管如此，该分类方法是基于定义为 $\lambda_A = \sigma k_m A/k_{fe}$ 的窜流项，该项体现了油井泄油面积（A）内裂缝—基质流动相对于裂缝流动的比值（Gilman 等，2001）；同时，Gilman 的储容比定义为 $\omega_\phi = \phi_f/(\phi_f + \phi_m)$，并且使用了第三个比值，即有效裂缝渗透率与基质渗透率之比，其定义为 $k_{exr} = k_{fe}/k_m$。

Gilman 图中概念化的储容比不包括多孔介质压缩系数，所以这可能意味着基质压缩系数与裂缝压缩系数近似相等。因此，裂缝—基质系统之间可能不存在水动力差异，并且假设整个基质—裂缝系统具有均匀的压实程度和变形程度。此外，这种类型的裂缝性油藏是可能存在的（等效压缩性），它可能是一种特殊的三元分类类型（类型 H）。Gilman 图中将天然裂缝性油藏分为七种类型。图 3.6 显示了 Gilman 分类 7 种类型中的 2 种类型。

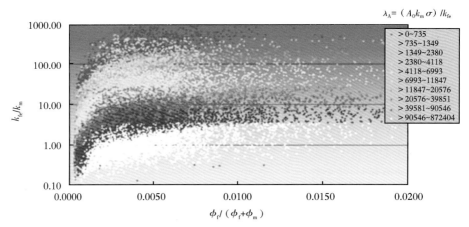

（a）碳酸盐岩、轻质油、水平井和垂直井开发造成压力衰竭、中等强度水侵

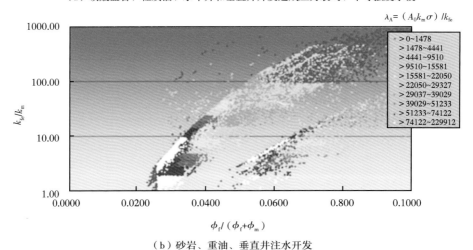

（b）砂岩、重油、垂直井注水开发

图 3.6　常规油藏的 Gilman 图，类型 1 和类型 3（据 Gilman 等，2011）

3.6.3 Cinco-Ley 的天然裂缝性油藏类型

图 3.7 和表 3.1 展示基于试井定性分析和动态描述的综合分类方法。天然裂缝性油藏分类如下。

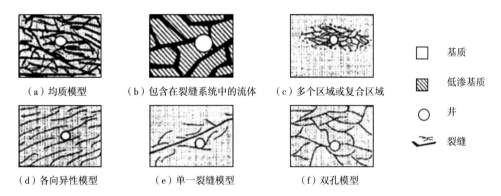

（a）均质模型　　（b）包含在裂缝系统中的流体　　（c）多个区域或复合区域

（d）各向异性模型　　　（e）单一裂缝模型　　　　（f）双孔模型

基质

低渗基质

井

裂缝

图 3.7　天然裂缝性油藏的类型（据 Cinco-Ley，1996）

表 3.1　天然裂缝性油藏流动模型的参数和应用（据 Cinco-Ley，1996）

模型	参数	应用
均质	kh 和 s	多裂缝油藏或低渗透率基质
多个区域或复合油藏	$(kh)_1$、$(kh)_2$ 和 s	区域裂缝性油藏
各向异性	k_{max} 和 k_{min}	方向性裂缝
单一裂缝	F_{cD}、s_f、d_f、k_f 和 s	裂缝占主导的油藏，或井位靠近有导流能力的断层
双重孔隙	$(kh)_f$、s、λ 和 ω	基质孔隙度中等的多裂缝油藏

3.6.4 Soto 等的油藏分类

图 3.8 显示了基于孔隙类型和胶结系数 $m_{variable}$，使用模糊逻辑原理得出岩石物理分类（Soto 等，2011）。

该方法适用于溶洞和裂缝，包括基质—裂缝和基质—溶洞之间的流体交换。此外，均质储层与粒间孔隙度有关。

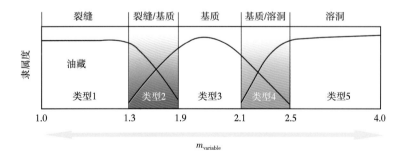

图 3.8　基于不同胶结系数的五种类型油藏，胶结系数与不同类型油藏有关（据 Soto 等，2011）

3.6.5 文献中的分类与三元分类之间的相似性

表 3.2 给出了三元分类方法和几个已发表的分类方法之间的相似性。

三元分类法定量确定了平面和非平面不连续体的部分静态和动态参数，这些参数在油藏评价和建模中是必需的；并且可以使用它来预测流体流动特征。这是三元分类方法的优势。

表 3.2 现有文献分类与三元分类方法之间的相似性

文献中的分类方法		三元分类法
Nelson 分类法	类型 1	类型 B
	类型 2	类型 G 和 类型 I
	类型 3	类型 D 和 类型 G
	类型 4	类型 A 和 类型 F
Cinco-Ley 的天然裂缝油藏类型	均质	类型 A 和 类型 B
	多个区域或复合油藏	类型 C 和 类型 E
	各向异性	类型 G 和 类型 I
	单一裂缝	类型 G
	双重孔隙	类型 D、类型 E、类型 H 和 类型 G
Gilman 图	情形 1	类型 H
	情形 2	类型 H
	情形 3	类型 H
	情形 4	类型 H
	情形 5	类型 H
	情形 6	类型 H
	情形 7	类型 H
Soto 等的分类方法	类型 1	类型 B
	类型 2	类型 E、类型 D 和 类型 I
	类型 3	类型 C 和 类型 E
	类型 4	类型 D 和 类型 G
	类型 5	类型 G 和 类型 I

3.7 天然裂缝性碳酸盐岩油藏实例

考虑到要描述影响基质—不连续体之间流体流动作用的静态和动态参数，三元分类法对裂缝性油藏进行了细分。在多孔介质连通的基础上，对所提出的天然裂缝性碳酸盐岩油藏实例进行了研究。综合碳酸盐岩油藏的可查阅文献资料（Villaseñor‐Rojas，2003；Voelker，2004；Nelson，2001），天然裂缝性碳酸盐岩油藏的分类描述如图 3.9 所示。

在储层中可观察到不同的孔隙类型或不连续体。平面和非平面的地质不连续体的并置可以在局部划分出不同类型的油藏。换言之，每个不连续体可以在天然裂缝性碳酸盐岩油藏中表现出特定的流体流动特征。

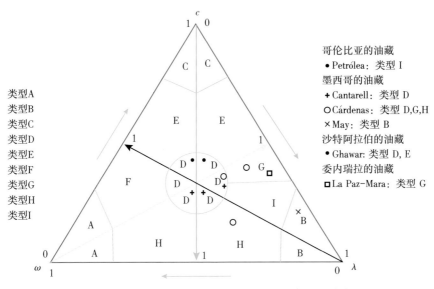

图 3.9　所研究油藏的天然裂缝性碳酸盐岩油藏三元分类描述

3.8　符号说明

Δp—压差，Pa；

ϕ_i—初始孔隙度；

ϕ—孔隙度；

a，σ—形状因子，m^{-2}；

h—地层厚度，m；

ω—储容比，无量纲；

ω_ϕ—Gilman 图的储容比，无量纲；

λ—窜流系数，无量纲；

λ_A—Gilman 图中的窜流系数，无量纲；

$\bar{k}$—平均裂缝渗透率，m^2；

k_m—基质渗透率，m^2；

k_f—裂缝渗透率，m^2；

k_{fe}—裂缝有效渗透率，m^2；

k_{exr}—渗透率剩余比，无量纲；

γ—欧拉常数指数，$\gamma = 1.781$；

t_1—瞬态数据中点与时间交叉点（早期直线段），s；

r_w—井筒半径，m；

C—指定深度处的压实系数，无量纲；

m—压降的斜率，Pa^{-1}；

D—深度，m；

C_t—总的压缩系数，Pa^{-1}；

V—体积，m^3。

下标

f—裂缝；

m—基质；

i—初始状态；

1—第一分区；

2—第二分区。

参 考 文 献

Aguilera, R. (2003). Geologic and engineering aspects of naturally fractured reservoirs. CSEG RECORDER, (pp. 44-49). (February).

Barros-Galvis, N., Villaseñor, P., & Samaniego, F. (2015). Analytical modeling and contradictions in limestone reservoirs: Breccias, vugs, and fractures. *Journal of Petroleum Engineering*. Article ID 895786. (Hindawi Publishing Corporation).

Bratton, T., Canh, D. V., Duc, N. V. et al. (2006). The nature of naturally fractured reservoirs. *Oilfield Review*.

Choquette, P. W., & Pray, L. C. (1970). Geologic nomenclature and classification of porosity in sedimentary carbonates. *AAPG Bulletin*, 54 (2), 207-250.

Cinco-Ley, H. (1996). Well-test analysis for naturally fractured reservoirs. *Journal of Petroleum Technology*, 51-54. (SPE 31162, January).

Gilman, J. R., Wang, H., Fadaei, S. et al. (2011). A New Classification Plot for Naturally Fractured Reservoirs, paper CSUG/SPE 146580, presented at the Canadian Unconventional Resources Conferences, Calgary, Alberta, Canada, November 15-17.

Kohlhass, C. A. & Miller, F. G. (1969). Rock-compaction and pressure-transient analysis with pressure-dependent rock properties. Paper SPE 2563, Presented at 44th Annual Fall Meeting of the Society of Petroleum Engineers of AIME, Denver, Colorado, September 28-October 1.

Lucia, F. J. (2007). *Carbonate reservoir characterization An integrated approach* (2nd ed., pp. 26-67). Berlin: Springer.

Nelson, R. (2001). *Geologic analysis of naturally fractured reservoirs* (2nd ed.). New York: Gulf professional publishing/BP-Amoco.

Saidi, A. M. (1987). *Reservoir engineering of fractured reservoirs (fundamental and practical aspects)*. Singapore: TOTAL Edition Presse.

Soto, R., Martin, C., Perez, O. et al. (2011). A new reservoir classification based on pore types improves characterization. Paper ACIPET TEC-86, Presented at the Congreso Colombiano del Petróleo, Bogotá. Colombia, November 22-25.

Streltsova-Adams, T. D. (1978). Well hydraulics in heterogeneous aquifer formations. *Advances in Hydroscience*, 11, 357-423.

Villaseñor-Rojas, P. (2003). Structural evolution and sedimentological and diagenetic controls in the lower cretaceous reservoirs of the cardenas field, Mexico. Ph. D. dissertation, Ecole Doctorale Sciences et Ingenierie De l' Université de Cergy-Pontoise (December).

Voelker, J. (2004). A reservoir characterization of Arab-D Super-K as a discrete fracture network flow system, Ghawar Field, Saudi Arabia. Ph. D. dissertation, Stanford University, Stanford (December 2004).

4 非应力敏感天然裂缝性碳酸盐岩油藏解析模型

4.1 概述

本章对比分析了裂缝和裂缝多孔介质数学模型的解。两种介质都是可轻微变形，而且对应力不敏感。该分析的主要目的是为了得到碳酸盐岩油藏数学模型解的精确解析表达式。

裂缝是由导致岩石破裂的应力形成的，它包含岩块之间的构造裂缝，并且岩石基质和裂缝之间没有流体交换，如裂缝性火成岩或裂缝性储层分类Ⅰ型（Nelson，2001，裂缝性储层方法）。裂缝性多孔介质是由导致岩石破裂的应力造成的，其中包含构造裂缝，并且岩石基质和裂缝之间存在流体交换，如裂缝性石灰岩或裂缝性储层分类Ⅱ、Ⅲ型（Nelson，2001，裂缝性储层方法）。

建立了非应力敏感天然裂缝性储层的解析模型。利用科尔·霍普夫变换，对含二次梯度项的无限大油藏的渗流方程进行了解析求解。

所提出的解析方法假定岩石的性质不发生变化，从而产生恒定的扩散系数。在这种情况下，采用一个称为裂缝库埃特流动的纳维尔·斯托克斯解，它类似于达西定律。

Barenblett等在1960年建立了裂缝介质中的流体流动理论，它基于岩石性质恒定不变的假设成立的。Barenblett的模型由两种介质组成：基质和裂缝，它们在油气生产过程中都会产生压力梯度（Barenblatt等，1960）。

4.2 解析模型中考虑的因素

为了建立该数学模型，基于物理现象，需要确定把哪些物理要素考虑进去，这将有助于获得模型的解：

（1）碳酸盐岩油藏通常有天然裂缝。由于基质和裂缝之间的压力梯度，两种介质间存在流体交换（Barenblatt等，1960）。

（2）单相流体。欠饱和油藏（Craft和Hawkins，1991）中流体是液体。

（3）孔隙度、渗透率和密度为常数。

（4）渗透率各向同性。

（5）恒定压缩系数液体，流体密度相对于压力呈指数变化（Muskat，1945）。

（6）恒定微压缩系数等温流体流动。

4.3 库埃特方程和达西公式

人们经常使用达西定律，有时甚至不知道它的基本假设条件。最严格的应用条件与雷诺数 Re 有关，也就是说，考虑到雷诺数小于特定值的层流时，流体流动受黏性力支配，达西定律适用的雷诺数范围如图 4.1 所示。

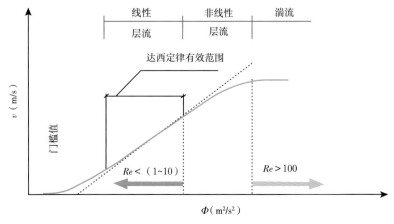

图 4.1　达西定律的适用性（据 Vicaire，2014）

不同的作者给出了符合达西层流的不同雷诺数 Re 极限值，范围在 3~10（Polubarinova-Kochina，1962）。并且 Muskat（1945）讨论了达西定律可以应用于描述油藏流动问题，成立的条件是雷诺数小于该特定值。

雷诺数和基本达西公式可表述为：

$$Re = \frac{v\overline{D}_{\mathrm{p}}\rho}{\mu} \tag{4.1}$$

对于天然裂缝，可以表示为：

$$Re = \frac{qa\rho}{\mu A\varPhi} \tag{4.2}❶$$

其中：

$$v = -\frac{k\rho}{\mu}\ \nabla\varPhi \tag{4.3}$$

式中，$\varPhi$ 为流动势，$\varPhi=p/\rho+gz$；p 为地层压力；ρ 为密度；g 为重力；z 为高程；μ 为原油动态黏度；A 为面积，$A=2\pi rh$；h 为地层厚度；k 为总渗透率；Re 为雷诺数；$\overline{D}_{\mathrm{p}}$ 为平均孔隙直径；a 为裂缝开度；v 为比流量。

达西定律适用于流动概率分布的中值，并基于流体无惯性流动的假设条件（Scheideger，1960）。

可以说，对于非均质、各向异性和裂缝性多孔介质，层流的临界雷诺数上限在 0.1~10。施尼贝利（1955）证明了二次流（未达到湍流）的过渡阶段（图 4.1 的非线性层流

---

❶ 原文中 $\varPhi$ 为 ϕ。

段）。非线性渗流规律偏离线性，呈抛物线型（Barenblatt 等，1990；Couland 等，1986），并对周期性多孔介质在低雷诺数下的达西定律进行了非线性校正（Firdaouss 等，1997）。此外，通过对纳维尔·斯托克斯方程进行数值实验计算出雷诺数在 5～13 的流动数值（Couland 等，1986；Stark，1972）。

裂缝性多孔介质中存在非线性流动规律。因此，可以使用库埃特方程对其进行解析建模，因为它具有的二次流动剖面是纳维尔·斯托克斯方程的精确解；该方程可获得立方定律或布西内斯克公式。立方定律能够计算通过裂缝系统的流体流量；通常情况下，该方程适用于考虑平行平板之间黏性流体层流的天然裂缝性构造油藏（Barros-Galvis 等，2015；Potter 和 Wiggert，2007）。

库埃特方程或达西公式的应用条件与雷诺数有关。对于天然裂缝性构造油藏，流体的高速流动也与雷诺数有关。图 4.2 显示了储层中的两个区域：一个高速区和一个低速区，这些具有高速和低速的流体速度半径区域，它们以雷诺数等于 1 为界限。其中 r_{hv} 为外部（最大）高速半径；r_e 为外部半径；r_w 为井眼半径。

在径向流情况下，已经描述了对于自喷井，高速流动稳定在雷诺数为 1 的半径范围内。

红色圆圈表示达西流的内径（最小半径）；对于 $r < r_{hv}$ 流动，在高速流动条件下，使用库埃特方程。

另外，利用纳维尔·斯托克斯方程可以通过积分

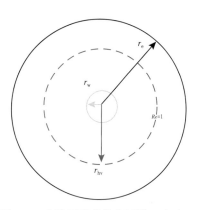

图 4.2 非达西流的稳定区域（高速）

和库埃特方程来推导渗流规律（Barenblatt 等，1990）。Singh 和 Sharma（2001）利用三维库埃特流动的扩展形式，研究了多孔介质在传热作用下的高渗通道流动及其对渗透性的影响。本书中使用库埃特方程描述天然裂缝中的流体流动。

4.4 解析模型

解析模型基于描述裂缝和基质中流体流动的偏微分方程建立的。在建立这个方程时，结合了连续性方程或质量守恒定律、流动定律（如库埃特方程）和状态方程。此外，还得到了描述不可压缩液体在裂缝介质中流动的线性扩散方程。

如图 4.3 所示，裂缝用两个平行的平板表面来表示。流体在这些平板之间的流动是沿 x 方向的；并且由于 y 方向没有流动，压力将仅是 x 方向的函数。此外，y 方向上没有惯性、黏滞力或其他外力。

现在，使用一般库埃特流动的纳维尔·斯托克斯方程精确解来描述流经构造裂缝或不连续体的流体流动（Currie，2003）：

$$u(y) = -\frac{1}{2\mu} \frac{\mathrm{d}(p_f + \gamma h)}{\mathrm{d}x} y(a - y) + \frac{U}{a} y \qquad (4.4)$$

式中，$\mathrm{d}p_f/\mathrm{d}x$ 为裂缝压力梯度；$u(y)$ 为速度剖面；U 为上表面速度；a 为裂缝开度；y 为垂直方向；x 为水平方向；γ 为相对密度；h 为垂直距离；p_f 为裂缝压力；μ 为黏度。

式（4.4）表明，流体流动方向为负的压力梯度方向，并且整个流场上的速度分布为

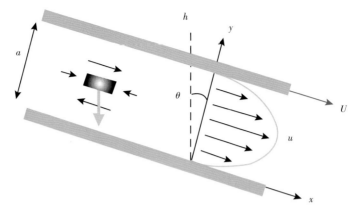

图4.3 流体在两个平行表面之间的流动（构造裂缝）

抛物线型。在两个平行表面之间产生流动有两种方法：（1）施加压力梯度；（2）上表面以恒定速度 U 沿 x 方向移动。在研究的例子中，是通过施加压力梯度来产生流动；最大速度出现在 $y=a/2$ 处。特别值得注意的是，压力梯度的前提条件是上表面为固定的，它描述的是泊肃叶流动。泊肃叶流动是库埃特流动的一个特例。

库埃特方程中采用最大速度来表示因压力梯度流入不连续体的最大流体流量。在下面的解中，忽略重力，式（4.4）可以写成：

$$u(y) = -\frac{1}{2\mu}\frac{\mathrm{d}p_\mathrm{f}}{\mathrm{d}x}y(a-y) \tag{4.5}$$

式（4.5）类似于达西公式；考虑在 $y=a/2$ 处流速最大，该方程可以重新整理为：

$$u(y) = -\frac{a^2}{8\mu}\frac{\mathrm{d}p_\mathrm{f}}{\mathrm{d}x} = -\frac{a^2}{8\mu}\nabla p_\mathrm{f} \tag{4.6}$$

裂缝渗透率（k_f）可以表示为：

$$k_\mathrm{f} = 54 \times 10^6 a^2(\mathrm{D}) \tag{4.7}$$

或者：

$$k_\mathrm{f} = 8.35 \times 10^6 a^2(\mathrm{D}) \tag{4.8}$$

式（4.7）中，裂缝开度（a）的单位为 in；式（4.8）中裂缝开度（a）的单位为 cm（Aguilera，1995）。将式（4.8）代入式（4.6），得：

$$u(y) = -\frac{k_\mathrm{f}}{8 \times 8.45 \times 10^6 \mu}\nabla p_\mathrm{f} = -\frac{k_\mathrm{f}}{66.8 \times 10^6 \mu}\nabla p_\mathrm{f} \tag{4.9}$$

已经有学者发表了利用试井校正构造和非构造裂缝传导率的现场案例（Singha 等，2012）。使用泊肃叶定律校正的传导率如下：

$$C_\mathrm{f} = k_\mathrm{f}h = \frac{a^3}{12 \times 0.98 \times 10^{-6}} \tag{4.10}$$

当地层厚度为 1m 时，平均裂缝开度计算公式如下：

$$a = \sqrt[3]{k_f \times 11.76 \times 10^{-6}} \tag{4.11}$$

式中，C_f 为构造裂缝导流能力，$mD \cdot m$；a 为裂缝开度，mm；k_f 为裂缝渗透率，mD；h 为地层厚度，m。

式（4.10）是根据孔隙度为 0.2%、存在构造裂缝的中东地区致密碳酸盐岩油藏中的粗石灰岩裂缝得到的。

应用式（4.10）计算出的导流系数为 $20mD \cdot m$，该导流系数代表 1m 地层厚度中裂缝的平均开度为 $6.24 \times 10^{-6} mm$。

式（4.10）可代入式（4.6）中：

$$u(y) = -\frac{(k_f \times 11.76 \times 10^{-6})^{2/3}}{8\mu} \nabla p_f = -\frac{k_f^{2/3}}{32.26 \times 10^8 \mu} \nabla p_f \tag{4.12}$$

可以看出，在 C 为常数的情况下，式（4.9）的 $C = 66.8 \times 10^6$，式（4.12）的 $C = 32.26 \times 10^8$。式（4.9）和式（4.12）是一个类似于达西定律的表达式，其中 $u(y) = v$：

$$v = -\frac{k_f}{C\mu} \nabla p_f \tag{4.13}$$

为了推导裂缝介质中流体流动的偏微分方程，应该将流动定律与连续性方程结合起来（Mattews 和 Russell，1967；Lee 等，2003）。连续性方程可以用导数或积分方程来表示，它们是等价的，由下式给出：

$$\frac{\partial}{\partial t}(\rho \phi_f) = -\nabla \cdot (\rho v) \tag{4.14}$$

式中，v 为使用库埃特方程的速度分布剖面；ϕ_f 为裂缝介质孔隙度；ρ 为流体密度；t 为时间。

将式（4.10）代入式（4.14），得：

$$\frac{\partial}{\partial t}(\rho \phi_f) = -\nabla \cdot \left[\rho \left(-\frac{k_f}{C\mu} \nabla p_f \right) \right] \tag{4.15}$$

应用乘积的导数，并使得 $\mu^* = C\mu$：

$$\frac{\partial}{\partial t}(\rho \phi_f) = \nabla \left(\frac{\rho k_f}{\mu^*} \right) \nabla p_f + \frac{\rho k_f}{\mu^*} \nabla^2 p_f \tag{4.16}$$

式（4.16）的右侧包含两个不同的项。每一项都涉及渗透率、黏度和孔隙度，它们都是常数。然而，流体密度取决于不可压缩流体本身。该分析局限于单相液体和具有恒定压缩系数 c 的微可压缩液体，其中 c 由下式定义：

$$c = -\frac{1}{V} \frac{dV}{dp_f} = \frac{1}{\rho} \frac{d\rho}{dp_f} \tag{4.17}$$

对于恒定压缩系数 c，对式（4.17）进行积分，得到：

$$\rho = \rho_o e^{c(p_f-p_i)} \tag{4.18}$$

式（4.18）对压力求导，得：

$$\frac{\partial \rho}{\partial p_f} = \left[\rho_o e^{c(p_f-p_i)}\right]c = \rho c \tag{4.19}$$

应用链式法则并代入式（4.19）：

$$\frac{\partial \rho}{\partial t} = \frac{\partial \rho}{\partial t}\frac{\partial p_f}{\partial p_f} = \frac{\partial \rho}{\partial p_f}\frac{\partial p_f}{\partial t} = \rho c \frac{\partial p_f}{\partial t} \tag{4.20}$$

对于一维流动，式（4.16）的右侧第一项的梯度可以写成：

$$\nabla\left(\frac{\rho k_f}{\mu^*}\right) = \frac{\partial}{\partial x}\left(\frac{\rho k_f}{\mu^*}\right)\frac{\partial p_f}{\partial p_f} = \frac{\partial \rho}{\partial p_f}\left(\frac{k_f}{\mu^*}\right)\frac{\partial p_f}{\partial x} \tag{4.21}$$

$$\nabla\left(\frac{\rho k_f}{\mu^*}\right) = \rho c\left(\frac{k_f}{\mu^*}\right)\frac{\partial p_f}{\partial x} = \rho c\left(\frac{k_f}{\mu^*}\right)\nabla p_f \tag{4.22}$$

将式（4.20）和式（4.22）代入式（4.16）：

$$\rho\phi_f c\frac{\partial p_f}{\partial t} = \rho c\frac{k_f}{\mu^*}(\nabla p_f)^2 + \frac{pk_f}{\mu^*}\nabla^2 p_f \tag{4.23}$$

$$D = \frac{k_f}{\phi_f c\mu^*} \tag{4.24}$$

在变形之后，式（4.22）可以表示为：

$$\frac{\partial p_f}{\partial t} = D\left[c(\nabla p_f)^2 + \nabla^2 p_f\right] \tag{4.25}$$

式中，D 为扩散系数常数。

对于具有伸展裂缝的构造油藏，其基质孔隙度和渗透率都低。裂缝的渗透率和有效孔隙度是控制流体流动的主要变量，因此地层的孔隙度和渗透率可以近似等于裂缝的性质。本书考虑了储层的基质性质，并将其包含在储层的总渗透率和总孔隙度中。

径向坐标系中的初始条件和边界条件为：

（1）对所有 r，当 $t=0$ 时，$p_f=p_i$。

（2）当 $t>0$ 时，$(r\partial p_f/\partial r)_{r_w} = -6qu/(\pi kh)$。

为了求解，边界条件用下式替代：

$$\lim_{r\to 0}(r\partial p_f/\partial r)_{r_w} = -6qu/(\pi kh) \qquad (t>0)$$

（3）对所有 t，当 $r\to\infty$ 时，$p_f(r, t)=p_i$。

式（4.25）是一个非线性偏微分方程，可认为是一个非线性扩散方程［式（4.24）和式（4.25）］。该方程代表非应力敏感天然裂缝性油藏的解析模型，考虑了二次梯度

$(\nabla p_\mathrm{f})^2$ 非线性项、裂缝—基质之间无流体交换，对裂缝性油藏裂缝系统中的流体流动进行了描述。

许多关于均质油藏单相流动的论文已经发表，实际上对于流体流动（流体压系数 c 较小），通常忽略非线性二次项［式（4.25）中的右边第一个项］；它们都没有将非线性压力梯度项包含在扩散方程中，这些方程认为压力梯度小，可以忽略，岩石性质恒定，以及流体压缩系数小而且恒定（Samaniego 等，1979；Dake，1998；Mattews 和 Russell，1967）。此外，对于无限大和封闭的外边界油藏，用这种线性达西解预测的井筒压力在很多时候可能比用库埃特解预测的井筒压力小得多。另一方面，一些研究人员（Jelmert 和 Vik，1996；Odeh 和 Babu，1988）得出的结论认为，考虑非线性二次项后，压力预测的结果明显偏小，建议将其作为压力解使用。尽管 Chakrabarty 等（1993）也证明了封闭外边界的井筒压力这一预测结果，其认为线性压力解仍不能令人满意，应谨慎使用。在大的无量纲时间内，无限大的油藏的线性解有 5% 的误差。

其他一些文献通过变换给出了包含二次梯度项非线性瞬态流动模型的解，但这些研究均基于均质多孔介质的假设（Chakrabarty 等，1993；Friedel 和 Voigt，2009；Cao 等，2004；Aadnoy 和 Finjord，1996）。

4.5　无限大油藏恒定流量径向流数学模型及求解

本书的目的是通过数学变换将非线性方程简化为线性扩散方程，对基质—裂缝间不发生流体交换的天然裂缝系统进行描述。

已经有学者对应用于线性扩散方程的达西公式和库埃特方程之间的差异进行了描述。以前的作者没有将非线性压力梯度项纳入裂缝或均质系统的非线性扩散方程。在这两种情况下，考虑到平行（平板）和立体裂缝的几何形状，在该解决方案中使用流体流动方程（达西公式和库埃特方程）来求解。

扩散方程对油藏中的质量和动量传递进行了模拟建模。裂缝性油藏中流体流动的现象描述包括：（1）构造裂缝中的复杂扩散；（2）井内压力梯度引起的流体动力学。复杂扩散包含多种类型的扩散：分子扩散、表面扩散、克努森扩散和压力梯度引起的对流。裂缝系统是非均质和各向异性的，其扩散过程取决于裂缝开度或孔隙直径（Cunningham 和 Williams，1980；Treybal，1980）。结果表明，可以通过库埃特方程来模拟非线性层流中的快速复杂扩散。最后，使用库埃特方程对动量传递进行建模。

井筒中流体动力学受压力梯度和流体流动控制。流体速度与采油速度有关，库埃特或达西公式的应用取决于雷诺数值大小。当雷诺数较大时，采用统一的库埃特方程。这种应用影响到了扩散方程的边界条件。对于块状和平板裂缝特性，应考虑以下表达式：

$$\phi = \phi_\mathrm{m} + \phi_\mathrm{f} \tag{4.26}$$

$$c = \frac{c_\mathrm{o} + c_\mathrm{w}\phi_\mathrm{m} + c_\mathrm{m}\phi_\mathrm{m} + c_\mathrm{f}\phi_\mathrm{f}}{\phi_\mathrm{f}} \tag{4.27}$$

$$k = \frac{k_\mathrm{f}\left[N\pi\left(\dfrac{a}{2}\right)^2\right] + k_\mathrm{m}\left[A - N\pi\left(\dfrac{a}{2}\right)^2\right]}{A} \tag{4.28}$$

$$k_{\text{slab}} = \frac{k_{\text{f}} a}{d} \tag{4.29}$$

式中，ϕ 为总孔隙度；ϕ_{f} 为裂缝孔隙度；ϕ_{m} 为基质孔隙度；k 为总渗透率；k_{m} 为基质渗透率；k_{f} 为裂缝渗透率；c 为压缩系数；a 为裂缝开度；c_{o} 为原油压缩系数；c_{m} 为基质压缩系数；c_{w} 为水压缩系数；c_{f} 为裂缝压缩系数；d 为裂缝之间的距离；N 为每个截面的裂缝数量；k_{slab} 为平行裂缝渗透率。

赖斯（1980）和阿奎莱拉（1995）使用了式（4.26）至式（4.29）来进行求解。

4.6 无应力敏感的非线性偏微分方程求解

利用科尔·霍普夫变换得到伯格斯方程的解，该方程是非线性偏微分方程（Burgers，1974；Ames，1972）。同时，它已经被用来求解可压缩液体在均匀多孔介质中流动的非线性扩散问题（Marshall，2009）。变换是一种将非线性方程简化为线性方程的数学方法。

根据（Nelson，2001；Cinco，1996）分类中的单一裂缝模型，且不考虑应力敏感，式（4.25）将该裂缝储层建模分为类型 I 。非线性扩散方程需要进行变换才能得到解析解，这种情况是建立在没有基质—裂缝传递函数基础之上。

观察发现，对伯格斯（Burgers）方程进行下列变换 $y = F(p_{\text{f}})$ 生成了这种类型的线性偏微分方程：$\partial y / \partial t = D\nabla^2 y$，并利用此概念求解非线性扩散方程（Ames，1972；Burgers，1974；Marshall，2009）：

$$\frac{\partial \nabla p_{\text{f}}}{\partial t} = D\nabla^2 p_{\text{f}} + D\frac{F^*(p_{\text{f}})}{F'(p_{\text{f}})}(\nabla p_{\text{f}})^2 \tag{4.30}$$

式（4.30）中有一个二次梯度项。可以看出，式（4.25）与式（4.30）相似或等效。如果想求解式（4.25），可以通过求解 F 实现，则：

$$y = F(p_{\text{f}}) = \frac{1}{c}e^{cp_{\text{f}}+a} + b \tag{4.31}$$

$$F'(p_{\text{f}}) = e^{cp_{\text{f}}+a} \tag{4.32}$$

$$F''(p_{\text{f}}) = ce^{cp_{\text{f}}+a} \tag{4.33}$$

式中，a 和 b 是由 $F''(p_{\text{f}})$ 和 $F'(p_{\text{f}})$ 产生的任意积分常数。

式（4.31）为科尔·霍普夫变换。如果 $a = b = 0$（Tong 等，2005），则：

$$y = \frac{1}{c}e^{cp_{\text{f}}} \Longleftrightarrow p_{\text{f}} = \frac{1}{c}\ln(cy)$$

$$\frac{\partial p_{\text{f}}}{\partial y} = \frac{1}{cy} \tag{4.34}$$

$$\frac{\partial^2 p_{\text{f}}}{\partial y^2} = -\frac{1}{cy^2} \tag{4.35}$$

接下来的目标是消除 $(\nabla p_{\text{f}})^2$；为了实现这一目标，按照以下步骤进行：$\partial p_{\text{f}} / \partial t$、$\nabla^2 p_{\text{f}}$

和 $(\nabla p_{\mathrm{f}})^2$：

$$\frac{\partial p_{\mathrm{f}}}{\partial t} = \frac{\partial p_{\mathrm{f}}}{\partial y}\frac{\partial y}{\partial t} = \frac{1}{cy}\frac{\partial y}{\partial t} \tag{4.36}$$

为了表示 $(\nabla p_{\mathrm{f}})^2$，应该考虑 $\nabla p_{\mathrm{f}} = \partial p_{\mathrm{f}}/\partial x$。对一维情形，应用链式法则：

$$\frac{\partial p_{\mathrm{f}}}{\partial x} = \frac{\partial p_{\mathrm{f}}}{\partial y}\frac{\partial y}{\partial x} \tag{4.37}$$

$$\frac{\partial p_{\mathrm{f}}}{\partial x} = \frac{\partial p_{\mathrm{f}}}{\partial y}\ \nabla y \tag{4.38}$$

将它们代入式（4.34）中，有：

$$(\nabla p_{\mathrm{f}})^2 = \frac{1}{(cy)^2}(\ \nabla y)^2 \tag{4.39}$$

对于 $\nabla^2 p_{\mathrm{f}}$ 项：

$$\nabla^2 p_{\mathrm{f}} = \frac{\partial^2 p_{\mathrm{f}}}{\partial x^2} = \frac{\partial}{\partial x}\left(\frac{\partial p_{\mathrm{f}}}{\partial x}\right) \tag{4.40}$$

将式（4.37）代入式（4.40），得：

$$\nabla^2 p_{\mathrm{f}} = \frac{\partial}{\partial x}\left(\frac{\partial p_{\mathrm{f}}}{\partial y}\right)\ \frac{\partial y}{\partial x} \tag{4.41}$$

应用求导和转置，可得：

$$\nabla^2 p_{\mathrm{f}} = \frac{\partial}{\partial x}\left(\frac{\partial p_{\mathrm{f}}}{\partial y}\right)\frac{\partial y}{\partial x} + \frac{\partial}{\partial x}\ \frac{\partial y}{\partial x}\left(\frac{\partial p_{\mathrm{f}}}{\partial y}\right) = \frac{\partial}{\partial y}\left(\frac{\partial p_{\mathrm{f}}}{\partial x}\right)\frac{\partial y}{\partial x} + \frac{\partial^2 y}{\partial x^2}\left(\frac{\partial p_{\mathrm{f}}}{\partial y}\right) \tag{4.42}$$

将式（4.37）代入式（4.42），得：

$$\nabla^2 p_{\mathrm{f}} = \frac{\partial}{\partial y}\left(\frac{\partial p_{\mathrm{f}}}{\partial y}\right)\left(\frac{\partial y}{\partial x}\right)\left(\frac{\partial y}{\partial x}\right) + \frac{\partial^2 y}{\partial x^2}\left(\frac{\partial p_{\mathrm{f}}}{\partial y}\right) = \left(\frac{\partial^2 p_{\mathrm{f}}}{\partial y^2}\right)\left(\frac{\partial y}{\partial x}\right)^2 + \frac{\partial^2 y}{\partial x^2}\left(\frac{\partial p_{\mathrm{f}}}{\partial y}\right) \tag{4.43}$$

将式（4.34）和式（4.35）代入式（4.43）中，

$$\nabla^2 p_{\mathrm{f}} = \frac{1}{cy}\ \nabla^2 y - \frac{1}{cy^2}(\nabla y)^2 \tag{4.44}$$

将式（4.36）、式（4.39）、式（4.43）代入式（4.25）中，可得：

$$\frac{1}{Dcy}\frac{\partial y}{\partial t} = \frac{1}{cy^2}(\nabla y)^2 + \frac{1}{cy}\ \nabla^2 y - \frac{1}{cy^2}(\nabla y)^2$$

经过简化，得到了线性扩散方程：

$$\frac{1}{D}\frac{\partial y}{\partial t} = \nabla^2 y \tag{4.45}$$

式（4.45）（Mattews 和 Russell，1967）应根据不同的条件或情况来求解：恒定流量、无限大储层，恒定流量，恒定流量、恒定外边界压力三种情形。此外，已经有相关文献对这类方程进行了求解和比较分析（Chakrabarty 等，1993；Odeh 和 Babu，1988）。

参 考 文 献

Aadnoy, B., & Finjord, J. (1996, August). Analytical solution of the Boltzmann transient line sink for an oil reservoir with pressure-depend formation properties. *Journal of Petroleum Science and Engineering*, 15, 343-360.

Aguilera, R. (1995). *Naturally fractured reservoirs* (2nd ed.). Tulsa, OK: Penn Well Books.

Ames, W. F. (1972). *Nonlinear partial differential equations in engineering* (Vol. II). New York: Academic Press.

Barenblatt, G. I., Zheltov, Iu. P., & Kochina, I. N. (1960). *Basic concepts in the theory of seepage of homogeneous liquids in fissured rocks* (OB OSNOVNYKH PBEDSTAVLENIIAKH TEORII FIL' TRATSII ODNORODNYKH ZHIDKOSTEI V TRESHCHINOVATYKH PORODAKH) (G. H. PMM, Trans.) (Vol. 24 (5), pp. 852-864).

Barenblatt, G. I., Entov, V. M., & Ryzhik, V. M. (1990). *Theory of fluid flows through natural rocks*. Dordrecht: Klumer.

Barros-Galvis, N., Villaseñor, P., & Samaniego, V. F. (2015). Phenomenology and contradictions in carbonate reservoirs. *Journal of Petroleum Engineering*.

Burgers, J. M. (1974). *The nonlinear diffusion equation, asymtotic solutions and statistical problems* (2nd ed.). Dordrecht, Holland: D. Reidel Publishing Company.

Chakrabarty, C., Farouq Ali, S. M., & Tortike, W. S. (1993). Effect of the nonlinear gradient term on the transient pressure solution for a radial flow system. *Journal of Petroleum Science and Engineering*, 8, 241-256.

Cinco-Ley, H. (1996, January). Well-test analysis for naturally fractured reservoirs. *Journal of Petroleum Technology*, 51-54. SPE 31162.

Couland, O., Morel, P., & Caltagirone, J. P. (1986). Effects non lineaires dans les ecoulements enmilieu poreux. *Comptes Rendus de l' Académie des Sciences—Series II*, 302, 263-266.

Craft, E. C., & Hawkins, M. (1991). *Applied petroleum reservoir engineering*. New York, NJ: Prentice Hall.

Cunningham, R. E., & Williams, R. J. J. (1980). *Diffusion gases and porous media*. New York: Plenum Press.

Currie, I. G. (2003). *Fundamental mechanics of fluids* (2nd ed.). New York: McGraw-Hill Book Company.

Dake, L. P. (1998). *Fundamentals of reservoir engineering* (1 ed., Seventeenth impression). The Netherlands: Elseviers Science.

Firdaouss, M., Guermond, J. -L., & Le Quére, P. (1997). Nonlinear corrections to Darcy' s law at low reynolds numbers. *Journal of Fluid Mechanics*, 343, 331-350.

Friedel, T., & Voigt, H. -D. (2009). Analytical Solutions for the Radial Flow Equation with ConstantRate and Constant-Pressure Boundary Conditions in Reservoirs with Pressure-Sensitive Permeability. Paper SPE 122768 presented at the SPE Rocky Mountain Petroleum Technology, Denver, Colorado, USA, April 14-16.

Jelmert, T. A., & Vik, S. A. (1996). Analytic solution to the non-linear diffusion equation for fluids of constant compressibility. *Petroleum Science & Engineering*, 14, 231-233. http: //dx. doi. org/0920-4105/96.

Lee, J., Rollins, J. B., & Spivey, J. P. (2003). *Pressure transient testing in wells* (Vol. 9, pp. 1-9). Richardson, TX: Monograph Series, SPE.

Marshall, S. L. (2009). Nonlinear pressure diffusion in flow of compressible liquids through porousmedia. *Transport in Porous Media*, 77, 431-446. https: //doi. org/10. 1007/s11242-008-9275-z.

Matthews, C. S., & Russell, D. G. (1967). *Pressure buildup and flow tests in wells* (Vol. 1, pp. 4-9). Richardson, TX: Monograph Series, SPE.

Muskat, M. (1946). *Flow of homogeneous fluids through porous media* (2nd ed. , p. 145). Ann Arbor, MI: J. W. Edwards.

Nelson, R. (2001). *Geologic analysis of naturally fractured reservoirs* (2nd ed.). New York: Gulf Professional Publishing, BP-Amoco.

Odeh, A. S. , & Babu, D. K. (1988). *Comparison of solutions of the nonlinear and linearized diffusion equations* (pp. 1202-1206). SPE Reservoir Engineering, SPE 17270.

Polubarinova-Kochina, P. (1962). *Theory of ground water movement* (1st ed.) (J. M. Roger De Wiest, Trans.). Princeton, New Jersey: Princeton University Press.

Potter, M. , & Wiggert, D. (2007). *Mechanics of fluids* (3rd ed.). México: Prentice Hall.

Reiss, L. H. (1980). *The reservoir engineering aspects of fractured formations*. Paris: Editions Technip.

Samaniego, F. V. , Brigham, W. E. , & Miller, F. G. (1979, June). Performance-prediction procedure for transient flow of fluids through pressure-sensitive formations. *Journal of Petroleum Technology*, 779-786.

Scheidegger, A. E. (1960). *The physics of flow through porous media* (2nd ed.). New York: The MacMillan Company.

Schneebeli, G. (1955). Experiences sur la limite de validité de la loi de Darcy et l' apparition de la turbulence dans un écoulement de filtration. *Houille Blanche No*, 2, 141-149.

Singh, K. D. , & Sharma, R. (2001). Three dimensional couette flow through a porous medium with heat transfer. *Indian Journal of Pure & Applied Mathematics*, 32 (12), 1819-1829.

Singha, D. , Al-Shammeli, A. , Verma, N. K. , et al. (2012, December). Characterizing and modeling natural fracture networks in a tight carbonate reservoir in the middle east: A methodology. *Bulletin of the Geological Society of Malaysia*, 58, 29-35.

Stark, K. P. (1972). *A numerical study of the nonlinear laminar regime of flow in an idealized porous medium* (pp. 86-102). Fundamentals of Transport Phen- omena in Porous Media, Amterdam: Elsevier.

Tong, D. -K. , & Wang, R. -H. (2005). Exact solution of pressure transient model or fluid flow in fractal reservoir including a quadratic gradient term. *Energy Sources*, 27, 1205-1215.

Treybal, R. E. (1980). Mass-transfer operations (3rd ed.). New York: McGraw Hill.

Virtual Campus in Hydrology and Water Resource Management (VICAIRE). (2014). Retrieved October 8, 2014, from http: //echo2. epfl. ch/VICAIRE/mod_ 3/chapt_ 5/mainhtm.

Xu-long, C. , Tong, D. -K. , & Wang, R. -H. (2004, January). Exact solutions for nonlinear transient flow model including a quadratic gradient term. Applied Mathematics and Mechanics. English Edition, 25 (1), 102-109.

5 应力敏感天然裂缝性碳酸盐岩
油藏解析模型

本章的目的是建立存在应力敏感的天然裂缝油藏的数学模型，用解析方法对模型进行了求解，并利用试井分析进行结果验证。考虑了渗透率、孔隙度和流体密度变化，利用该模型得到的解用来描述随时间变化的压力特征。总之，这种现象是动态变化的。

该数学解可用于两个方面：（1）研究应力敏感天然裂缝性油藏的瞬态压力响应特性；（2）可作为耦合模型使用，考虑分析力学或热力学的作用影响。在这种情况下，解析解与描述裂缝坍塌的其他数学表达式相关联。

裂缝介质中的流体流动理论是由 Barenblatt（1960）发展起来的，它是建立在岩石性质不变的假设基础上。Barenblatt 模型由两种介质组成：基质和裂缝，这两种介质在油气生产过程中会产生压力梯度。

5.1 建立解析模型的条件

为了建立数学模型并获取解析解，这里先建立假设条件，主要是物理现象归纳的结果，将有助于模型求解：

（1）碳酸盐岩油藏为天然裂缝性油藏，因此油藏中有两种介质，同时基质和裂缝之间可以存在流动和压力梯度（Barenblatt，1960）。

（2）单相、欠饱和油藏，这样使得油藏中的流体是液体（Craft 和 Hawkins，1991）。

（3）孔隙度和渗透率随埋藏深度而变化，但这些变化是有效应力或压力的函数。

（4）孔隙度与上覆地层（Enrenberg 等，2009）和压力（Pedrosa，1986）呈指数关系。

（5）渗透率与压力呈指数变化。尽管在碳酸盐岩中，孔隙度和渗透率之间没有直接的关系，只有孔径分布、孔隙度和渗透率之间存在关系。因此，需要一个地质模型来显示与孔隙空间的粒间孔隙、独立溶洞孔隙或接触溶洞孔隙（构造裂缝、岩溶等）相关的分布。除孔隙空间分布外，对于颗粒为主的泥粒石灰岩，还应考虑泥质组构或白云石化泥质组构。因此，渗透率随深度的变化是复杂的。然而，假设基质—裂缝的渗透率取决于压力，将以指数形式表示这种相互关系（Pedrosa，1986）。

（6）流体密度与压力呈指数关系（Muskat，1945）。

（7）流体是等温不可压缩的。

5.2 解析模型

解析模型是建立在描述裂缝和基质中流体流动的偏微分方程的基础上。在建立这些方程时，结合了连续性方程或质量守恒定律、流动定律（如库埃特流动）和状态方程。另外，还得出了描述不可压缩液体在裂缝介质中流动的非线性扩散方程。

这里使用两个相互平行的平板来表示裂缝，这些平板之间的流动认为是沿 x 方向的，并且由于 y 方向没有流动，所以压力将仅是 x 方向的函数。另外，y 方向没有惯性、黏性力或其他外力（图 5.1）。

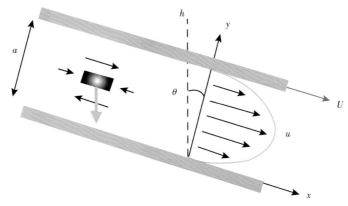

图 5.1 平行平板示意图

现在，使用一般库埃特流动的纳维尔·斯托克斯方程精确解［式（5.1）］来求解。该方程的目标是描述流经裂缝或不连续体的流体流动（Currie，2003）：

$$u(y) = -\frac{1}{2\mu}\frac{\mathrm{d}(p_\mathrm{f} + \gamma h)}{\mathrm{d}x}y(a - y) + \frac{U}{a}y \tag{5.1}$$

式中，$u(y)$ 为 v 速度剖面；U 为上表面的速度；a 为裂缝开度；y 为垂直方向；x 为水平方向；γ 为相对密度；h 为垂直距离；p_f 为裂缝压力；μ 为黏度；$\dfrac{\mathrm{d}p_\mathrm{f}}{\mathrm{d}x}$ 为裂缝压力梯度。

式（5.1）表明，流体流动方向沿着负的压力梯度方向，整个流场的速度分布剖面为抛物线型。在两个平行表面之间产生流动有两种方法：施加压力梯度和上表面以恒定速度 U 沿 x 方向移动。在研究案例中，是通过施加压力梯度来产生流动，最大速度出现在 $y = a/2$ 处。在库埃特方程中使用最大速度表示由于压力梯度作用流入不连续体的最大流体流量。因此，重力可以忽略，式（5.1）可以写成：

$$u(y) = -\frac{1}{2\mu}\frac{\mathrm{d}p_\mathrm{f}}{\mathrm{d}x}y(a - y) \tag{5.2}$$

式（5.2）与达西公式类似，在 $y = a/2$ 处，式（5.1）可以写成：

$$u(y) = -\frac{a^2}{8\mu}\frac{\mathrm{d}p_\mathrm{f}}{\mathrm{d}x} = -\frac{a^2}{8\mu}\nabla p_\mathrm{f} \tag{5.3}$$

裂缝渗透性（k_f）表示如下：

$$k_\mathrm{f} = 54 \times 10^6 a^2(\mathrm{D}) \tag{5.4}$$

$$k_\mathrm{f} = 8.45 \times 10^6 a^2(\mathrm{D}) \tag{5.5}$$

其中，裂缝开度（a）在式（5.4）与式（5.5）中分别以 in 和 cm 为单位（Aguilera，

1995）。将式（5.5）代入式（5.3），得：

$$u(y) = -\frac{k_f}{8 \times 8.45 \times 10^6 \mu} \nabla p_f = -\frac{k_f}{67.6 \times 10^6 \mu} \nabla p_f \tag{5.6}$$

指定转换常数 $C = 67.6 \times 10^6$。于是，得到一个类似于达西定律的表达式，这里 $u(y) = v$：

$$v = -\frac{k_f}{C\mu} \nabla p_f \tag{5.7}$$

为了推导裂缝介质中流体流动的偏微分方程，将流动定律与连续性方程结合起来（Matthews 和 Russell，1967；Lee，2003）。连续性方程可以用导数或积分方程来表示，它们二者是等价的（Marshall 2009）：

$$\frac{\partial}{\partial t}(\rho \phi_f) = -\nabla \cdot (\rho v) \tag{5.8}$$

式中，v 为使用库埃特方程的速度分布剖面；ϕ_f 为裂缝介质孔隙度；ρ 为流体密度；t 为时间。

将式（5.7）代入式（5.8），得：

$$\frac{\partial}{\partial t}(\rho \phi_f) = -\nabla \cdot \left[\rho \left(-\frac{k_f}{C\mu} \nabla p_f \right) \right] \tag{5.9}$$

应用乘积的导数：

$$\frac{\partial}{\partial t}(\rho \phi_f) = \nabla \left(\frac{\rho k_f}{C\mu} \right) \nabla p_f + \frac{\rho k_f}{C\mu} \nabla^2 p_f \tag{5.10}$$

式（5.10）包含各种特征项，每项都与密度、渗透率或孔隙度变化率有关。然后，使用状态方程定义这些表达式，并考虑压力的指数变化。对于第一项 $\frac{\partial}{\partial t}(\rho \phi_f)$：

$$\frac{\partial}{\partial t}(\rho \phi_f) = \phi_f \frac{\partial \rho}{\partial t} + \rho \frac{\partial \phi_f}{\partial t} \tag{5.11}$$

然后，应用链式法则，式（5.11）变成：

$$\frac{\partial}{\partial t}(\rho \phi_f) = \phi_f \frac{\partial \rho}{\partial t} + \rho \frac{\partial \phi_f}{\partial t} = \phi_f \frac{\partial \rho}{\partial p_f} \frac{\partial p_f}{\partial t} + \rho \frac{\partial \phi_f}{\partial p_f} \frac{\partial p_f}{\partial t} \tag{5.12}$$

利用状态方程定义密度变化率：

$$\rho = \rho_i e^{c(p_f - p_i)} \tag{5.13}$$

式中，下标 i 指初始条件；c 是液体的恒定压缩系数。

用 p_f 对式（5.13）进行差分，得出：

$$\frac{\partial \rho}{\partial p_f} = \rho_i e^{c(p_f - p_i)} c = \rho c \tag{5.14}$$

对于孔隙度变化率，有：

$$\phi_{\mathrm{f}} = \phi_{\mathrm{if}} \mathrm{e}^{c_{\mathrm{f}}(p_{\mathrm{f}}-p_{\mathrm{i}})} \tag{5.15}$$

式中，c_{f} 是地层的恒定压缩系数。

用 p_{f} 对式（5.15）进行差分，得出：

$$\frac{\partial \phi_{\mathrm{f}}}{\partial p_{\mathrm{f}}} = \phi_{\mathrm{if}} \mathrm{e}^{c_{\mathrm{f}}(p_{\mathrm{f}}-p_{\mathrm{i}})} c_{\mathrm{f}} = \phi_{\mathrm{f}} c_{\mathrm{f}} \tag{5.16}$$

将式（5.14）和式（5.16）代入式（5.12），

$$\frac{\partial}{\partial t}(\rho \phi_{\mathrm{f}}) = \phi_{\mathrm{f}} \rho c \frac{\partial p_{\mathrm{f}}}{\partial t} + \phi_{\mathrm{f}} \rho c_{\mathrm{f}} \frac{\partial p_{\mathrm{f}}}{\partial t} = \phi_{\mathrm{f}} \rho \frac{\partial p_{\mathrm{f}}}{\partial t}(c + c_{\mathrm{f}}) \tag{5.17}$$

对于第二项 $\nabla\left(\dfrac{pk_{\mathrm{f}}}{C\mu}\right)$：

$$\nabla\left(\frac{\rho k_{\mathrm{f}}}{C\mu}\right) = \frac{\partial}{\partial x}\left(\frac{\rho k_{\mathrm{f}}}{C\mu}\right)\frac{\partial p_{\mathrm{f}}}{\partial p_{\mathrm{f}}} = \frac{\partial}{\partial p_{\mathrm{f}}}\left(\frac{\rho k_{\mathrm{f}}}{C\mu}\right)\frac{\partial p_{\mathrm{f}}}{\partial x} = \frac{k_{\mathrm{f}}}{C\mu}\frac{\partial \rho}{\partial p_{\mathrm{f}}}\nabla p_{\mathrm{f}} + \frac{\rho}{C\mu}\frac{\partial k_{\mathrm{f}}}{\partial p_{\mathrm{f}}}\nabla p_{\mathrm{f}} \tag{5.18}$$

考虑到：

$$k_{\mathrm{f}} = k_{\mathrm{if}} \mathrm{e}^{\gamma(p_{\mathrm{f}}-p_{\mathrm{i}})} \tag{5.19}$$

式中，γ 是渗透率模量。

用 p_{f} 对式（5.19）进行差分，得：

$$\frac{\partial k_{\mathrm{f}}}{\partial p_{\mathrm{f}}} = k_{\mathrm{if}} \mathrm{e}^{\gamma(p_{\mathrm{f}}-p_{\mathrm{i}})} \gamma = k_{\mathrm{if}} \gamma \tag{5.20}$$

将式（5.20）和式（5.14）代入式（5.18）中，得：

$$\nabla\left(\frac{\rho k_{\mathrm{f}}}{C\mu}\right) = \frac{\rho k_{\mathrm{f}}}{C\mu}(\gamma + c)\nabla p_{\mathrm{f}} \tag{5.21}$$

最后，将式（5.17）和式（5.21）代入式（5.10）中：

$$(c + c_{\mathrm{f}})\phi_{\mathrm{f}}\frac{\partial p_{\mathrm{f}}}{\partial t} = \frac{k_{\mathrm{f}}}{C\mu}(\gamma + c)\nabla p_{\mathrm{f}}\nabla p_{\mathrm{f}} + \frac{k_{\mathrm{f}}}{C\mu}\nabla^2 p_{\mathrm{f}} \tag{5.22}$$

$$(c + c_{\mathrm{f}})\phi_{\mathrm{f}}\frac{\partial p_{\mathrm{f}}}{\partial t} = \frac{k_{\mathrm{f}}}{C\mu}[\nabla^2 p_{\mathrm{f}} + (\gamma + c)\nabla p_{\mathrm{f}}\nabla p_{\mathrm{f}}]$$

$$\frac{\partial p_{\mathrm{f}}}{\partial t} = \frac{k_{\mathrm{f}}}{(c + c_{\mathrm{f}})\phi_{\mathrm{f}}C\mu}[\nabla^2 p_{\mathrm{f}} + (\gamma + c)\nabla p_{\mathrm{f}}\nabla p_{\mathrm{f}}]$$

$$\frac{\partial p_{\mathrm{f}}}{\partial t} = \frac{k_{\mathrm{if}} \mathrm{e}^{\gamma(p_{\mathrm{f}}-p_{\mathrm{i}})}}{(c + c_{\mathrm{f}})\phi_{\mathrm{if}} \mathrm{e}^{c_{\mathrm{f}}(p_{\mathrm{f}}-p_{\mathrm{i}})}C\mu}[\nabla^2 p_{\mathrm{f}} + (\gamma + c)\nabla p_{\mathrm{f}}\nabla p_{\mathrm{f}}]$$

$$\frac{\partial p_{\mathrm{f}}}{\partial t} = \frac{k_{\mathrm{if}} \mathrm{e}^{(\gamma - c_{\mathrm{f}})(p_{\mathrm{f}}-p_{\mathrm{i}})}}{(c + c_{\mathrm{f}})\phi_{\mathrm{if}}C\mu}[\nabla^2 p_{\mathrm{f}} + (\gamma + c)\nabla p_{\mathrm{f}}\nabla p_{\mathrm{f}}]$$

在对相关项进行变形后，得：

$$\frac{\partial p_{\mathrm f}}{\partial t} = \frac{k_{\mathrm{if}}\mathrm{e}^{(\gamma - c_{\mathrm f})(p_{\mathrm f} - p_{\mathrm i})}}{\phi_{\mathrm{if}}c_{\mathrm t}\mu^{*}}\big[\nabla^2 p_{\mathrm f} + (\gamma + c)(\nabla p_{\mathrm f})^2\big] \tag{5.23}$$

$$D_{\mathrm i} = \frac{k_{\mathrm{if}}}{\phi_{\mathrm{if}}c_{\mathrm t}\mu^{*}} \tag{5.24}$$

式中，$D_{\mathrm i}$ 是初始条件下的扩散常数。

因此，得到了应力敏感天然裂缝性储层的解析模型［式（5.24）］。

将式（5.24）代入式（5.23），得：

$$\frac{\partial p_{\mathrm f}}{\partial t} = D_{\mathrm i}\mathrm{e}^{(\gamma - c_{\mathrm f})(p_{\mathrm f} - p_{\mathrm i})}\big[\nabla^2 p_{\mathrm f} + (\gamma + c)(\nabla p_{\mathrm f})^2\big] \tag{5.25}$$

$$\frac{\partial p_{\mathrm f}}{\partial t} = D_{\mathrm i}\mathrm{e}^{(\gamma - c_{\mathrm f})(p_{\mathrm f} - p_{\mathrm i})}\big[\nabla^2 p_{\mathrm f} + (\gamma + c)(\nabla p_{\mathrm f})^2\big] \quad (\gamma \geqslant c_{\mathrm f})$$

式（5.25）是一个非线性偏微分方程，具体说来是拟抛物线型的扩散方程。该模型描述了裂缝性油藏裂缝系统中的流体流动，模型考虑了二次梯度 $(\nabla p_{\mathrm f})^2$ 非线性项，而没有考虑裂缝—基质间传递函数。通常已发表的相关文献是针对均质油藏进行研究，不包括或消除了非线性项（Samaniego，1979；Odeh 和 Babu，1988；Jelmert 和 Vik，1996）。

在式（5.25）中，对 $\gamma = c_{\mathrm f}$ 和 $\gamma > c_{\mathrm f}$ 的两种情况进行分析：

$$\begin{cases} \dfrac{\partial p_{\mathrm f}}{\partial t} = D_{\mathrm i}\big[\nabla^2 p_{\mathrm f} + (\gamma + c)(\nabla p_{\mathrm f})^2\big] & (\gamma = c_{\mathrm f}) \\[3mm] \dfrac{\partial p_{\mathrm f}}{\partial t} = D_{\mathrm i}\mathrm{e}^{(\gamma - c_{\mathrm f})(p_{\mathrm f} - p_{\mathrm i})}\big[\nabla^2 p_{\mathrm f} + (\gamma + c)(\nabla p_{\mathrm f})^2\big] & (\gamma > c_{\mathrm f}) \end{cases} \tag{5.26}$$

在径向坐标系中：

$$\begin{cases} \dfrac{\partial p_{\mathrm f}}{\partial t} = D_{\mathrm i}\left[\dfrac{\partial^2 p_{\mathrm f}}{\partial r^2} + \dfrac{1}{r}\dfrac{\partial p_{\mathrm f}}{\partial r} + (\gamma + c)\left(\dfrac{\partial p_{\mathrm f}}{\partial r}\right)^2\right] & (\gamma = c_{\mathrm f}) \\[3mm] \dfrac{\partial p_{\mathrm f}}{\partial t} = D_{\mathrm i}\mathrm{e}^{(\gamma - c_{\mathrm f})(p_{\mathrm f} - p_{\mathrm i})}\left[\dfrac{\partial^2 p_{\mathrm f}}{\partial r^2} + \dfrac{1}{r}\dfrac{\partial p_{\mathrm f}}{\partial r} + (\gamma + c)\left(\dfrac{\partial p_{\mathrm f}}{\partial r}\right)^2\right] & (\gamma > c_{\mathrm f}) \end{cases} \tag{5.27}$$

式（5.27）可在 Celis（1994）的文章中找到，但未给出其推导过程。此外，本书提出的利用扰动分析法求解天然裂缝性油藏的非应力敏感模型的零阶解。

5.3 非线性偏微分方程求解

式（5.26）已代表两种情形。此外，还需研究另一个具有传递函数或双重孔隙的天然裂缝性油藏的情形。

解决这些问题的方法，就是分别根据 Nelson（2001）和 Cinco-Ley（1996）的成果，建立裂缝性油藏类型 I 模型，即单裂缝、均质油藏模型。

$$\frac{\partial p_{\mathrm f}}{\partial t} = D_{\mathrm i}\big[\nabla^2 p_{\mathrm f} + (\gamma + c)(\nabla p_{\mathrm f})^2\big]$$

考虑 $\beta = \gamma + c$，则：

$$\frac{\partial p_f}{\partial t} = D_i [\nabla^2 p_f + \beta (\nabla p_f)^2] \tag{5.28}$$

可以看出，通过线性抛物线型方程（热力方程）$\frac{\partial y}{\partial t} = D\nabla^2 y$ 的因变量变换 $y = F(p_f)$，可以得出式（5.29）这种类型的方程（Ames，1972；Burger，1974；Marshall，2009）：

$$\frac{\partial p_f}{\partial t} = D_i \nabla^2 p_f + D_i \frac{F''(p_f)}{F'(p_f)} (\nabla p_f)^2 \tag{5.29}$$

式（5.29）具有二次非线性特征。如果想求解式（5.28），则设定：

$$D_i F''(p_f) = \beta F'(p_f) \tag{5.30}$$

求解 F，得到：

$$y = F(p_f) = \frac{1}{\beta} e^{\beta p_f + a} + b \tag{5.31}$$

$$F'(p_f) = e^{\beta p_f + a} \tag{5.32}$$

$$F''(p_f) = \beta e^{\beta p_f} \tag{5.33}$$

式中，a，b 是对 $F^*(p_f)$ 和 $F'(p_f)$ 积分而产生的任意常数。

式（5.31）为科尔·霍普夫变换。如果 $a = b = 0$（Tong 和 Wang，2005），则：

$$y = \frac{1}{\beta} e^{\beta p_f} \Longleftrightarrow p_f = \frac{1}{\beta} \ln(\beta y)$$

目标是消除 $(\nabla p_f)^2$，因此，这里定义了 $\frac{\partial p_f}{\partial t}$，$\nabla^2 p_f$ 和 $(\nabla p_f)^2$：

$$\frac{\partial p_f}{\partial t} = \frac{\partial p_f}{\partial y} \frac{\partial y}{\partial t} = \frac{1}{\beta y} \frac{\partial y}{\partial t} \tag{5.34}$$

如果 $\nabla p_f = \frac{1}{\beta y} \nabla y$，则：

$$(\nabla p_f)^2 = \frac{1}{(\beta y)^2} (\nabla y)^2 \tag{5.35}$$

$$\nabla^2 p_f = \frac{1}{\beta y} \nabla^2 y - \frac{1}{\beta (y)^2} (\nabla y)^2 \tag{5.36}$$

代入式（5.28），得：

$$\frac{1}{D_i \beta y} \frac{\partial y}{\partial t} = \frac{1}{\beta (y)^2} (\nabla y)^2 + \frac{1}{\beta y} \nabla^2 y - \frac{1}{\beta (y)^2} (\nabla y)^2$$

经过简化，得到了线性热力学方程：

$$\frac{1}{D_i}\frac{\partial y}{\partial t}=\nabla^2 y \tag{5.37}$$

式（5.37）应根据不同的条件或情况求解（Matthews 和 Russell 1967）：（1）恒定流量、无限大储层；（2）恒定流量；（3）恒定流量、恒压外边界情形。

当岩石受到上覆地层压力或围压作用时，储层岩石体积将发生变化。由于压实作用和孔隙压力的降低，岩石性质会发生变化。

在式（5.24）中，可以看出扩散常数包含原油压缩系数 c 和地层压缩系数 cf。由于油藏欠饱和，油的压缩系数是恒定的。考虑到地层压缩系数是岩块压缩系数，因此必须分析两种应力变化，即孔隙应力或内应力，以及与上覆地层有关的外部应力。此外，孔隙度的变化仅仅取决于内部应力和外部应力之间的差异。

通常，在石油工程中，孔隙体积压缩系数的定义如下：

$$c_f=-\frac{1}{V_b}\frac{\partial V_b}{\partial p}=-\frac{1}{\phi}\frac{\partial\phi}{\partial p} \tag{5.38}$$

式中，V_b 是岩块体积。

式（5.38）分别用于恒定应力和变形条件。

尽管如此，Betti 和 Rayleigh 的互等定理适用于内部和外部应力，于是可以得出：

$$\left(\frac{\partial V_b}{\partial p}\right)_\sigma=-\left(\frac{\partial V_b}{\partial\sigma}\right)_p \tag{5.39}$$

考虑到恒定孔隙压力条件，可以将整个地层压缩系数定义为：

$$c_f=\frac{1}{V_b}\left(\frac{\partial V_b}{\partial\sigma}\right)_p \tag{5.40}$$

式（5.40）表示岩块体积相对于外部或上覆地层应力的变化。结果表明，变换后的式（5.37）在扩散常数中包含地层的压缩系数，但变换后的方程在 y 中给出了一个扩散方程，且压缩系数取决于压力 p。

参 考 文 献

Aguilera, R. （1995）. *Naturally fractured reservoirs* （2nd ed.）. Tulsa, OK：Penn Well Books.

Ames, W. F. （1972）. *Nonlinear partical differential equations in engineering* （Vol. II）. New York：Academic Press.

Barenblatt, G. I., Zheltov, Iu. P., & Kochina, I. N. （1960）. *Basic concepts in the theory of seepage of homogeneous liquids in fissured rocks* （OB OSNOVNYKH PBEDSTAVLENIIAKH TEORII FIL' TRATSII ODNOROD-NYKH ZHIDKOSTEI V TRESHCHINOVATYKH PORODAKH）（G. H. PMM, Trans.）（Vol. 24 （5）, 852–864）.

Burger, J. M. （1974）. *The nonlinear diffusion equation, asymtotic solutions and statistical problems* （2nd ed.）. Dordrecht, Holland：D. Reidel Publishing Company.

Celis, V., Silva, R., Ramones, M. et al. （1994）. A New Model for Pressure Transient Analysis in Stress Sensitive Naturally Fractured Reservoir.

Cinco-Ley, H. （1996, January）. Well-test analysis for naturally fractured reservoirs. *Journal of Petroleum Technology*, 51–54. SPE 31162.

Craft, E. C. , & Hawkins, M. (1991). *Applied petroleum reservoir engineering*. NJ: Prentice Hall.

Currie, I. G. (2003). *Fundamental mechanics of fluids* (2nd ed.). New York: McGraw-Hill Book Company.

Enrenberg, S. N. , Nadeau, P. H. , & Steen, O. (2009). Petroleum reservoir porosity versus depth: Influence of geological age. *AAPG Bulletin*, 93 (10), 1281-2196.

Jelmert, T. A. , & Vik, S. A. (1996). Analytic solution to the non-linear diffusion equation for fluids of constant compressibility. *Petroleum Science & Engineering*, 14, 231-233. http: //dx. doi. org/0920-4105/96.

Lee, J. , Rollins, J. B. , & Spivey, J. P. (2003). *Pressure transient testing in wells* (Vol. 9, pp. 1-9). Richardson, TX: Monograph Series, SPE.

Marshall, S. L. (2009). Nonlinear pressure diffusion in flow of compressible liquids throuh porous media. *Transport in Porous Media*, 77, 431-446. https: //doi. org/10. 1007/s11242-008-9275-z.

Matthews, C. S. , & Russell, D. G. (1967). *Pressure buildup and flow tests in wells* (Vol. 1, pp. 4-9). Richardson, TX: Monograph Series, SPE.

Muskat, M. (1945). *Flow of homogeneous fluids through porous media* (2nd ed. , p. 145). Ann Arbor, MI: J. W. Edwards.

Nelson, R. (2001). *Geologic analysis of naturally fractured reservoirs* (2nd ed.). New York: Gulf Professional Publishing, BP-Amoco.

Odeh, A. S. , & Babu, D. K. (1988). *Comparasion of solutions of the nonliear and linearized diffusion equations* (pp. 1202-1206). SPE Reservoir Engineering, SPE 17270.

Pedrosa, O. A. , Jr. (1986). Pressure Transient Response in Stress-Sensitive Formations, paper SPE 15115, presented at the SPE Regional Meeting, Oakland, April 2-4.

Samaniego, F. V. , Brigham, W. E. , & Miller, F. G. (1979, June). Performance-prediction procedure for transient flow of fluids through pressure-sensitive formations. *Journal of Petroleum Technology*, 779-786.

Tong, D. -K. , & Wang, R. -H. (2005). Exact solution of pressure transient model or fluid flow in fractal reservoir including a quadratic gradient term. *Energy Sources*, 27, 1205-1215.

6 韦斯特加德解在碳酸盐岩 油藏中的应用

碳酸盐岩在数百万年的历史演变中，通常伴随有机械、热力和化学等多种作用。构造裂缝发育程度与应力集中有关，断裂力学已成功地用于预测断裂产生，并应用于金属材料的结构设计。通过改进的断裂力学理论是解决岩石力学工程问题的重要工具。

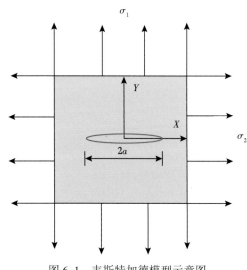

图 6.1 韦斯特加德模型示意图

石灰岩包括断层和构造裂缝等不连续体，在油气开采的生产过程中，地质运动或储层改造可连通这些不连续体，使其对油气渗流产生作用。

从几何学角度讲，可以将构造裂缝看作是一个拉长的椭圆状不连续体，即一个变形的椭圆。本章中建立的韦斯特加德解（Westergaard）适用于均匀双轴应力为 σ，长度为 $2a$ 的位于中心的裂缝，如图 6.1 所示。

但如果天然裂缝的几何形状采用矩形来表示，由于矩形中存在顶点，在垂直方向上不存在导数函数，可能会导致数学求解存在问题。

6.1 韦斯特加德解

韦斯特加德提出了解决裂缝或裂隙存在问题的方法：

$$\phi(z) = Re\overline{\overline{\phi}}(z) + yIm\overline{\phi}(z) \tag{6.1}$$

式中，$\phi(z)$ 为复变量中的调和函数和解析函数；$\phi(z)$ 为另一个包含调和函数 $\phi(z)$ 的解析函数。

因此，$Re\overline{\overline{\phi}}(z)$ 和 $yIm\overline{\phi}$ 是调和函数。$\phi(z)$ 必须满足双调和方程或拉普拉斯方程 $\nabla^2\phi(z) = 0$。

用 $\phi'(z)$ 和 $\phi''(z)$ 表示 $\phi(z)$ 的一阶和二阶导数，分别用 $\overline{\phi}(z)$ 和 $\overline{\overline{\phi}}(z)$ 表示与 z 有关的一阶和二阶积分；考虑到 $\partial f(z)/\partial x = f'(z)$ 和 $\partial f(z)/\partial y = if'(z)$，用柯西—黎曼方程证明 $\phi(z)$ 为一个调和函数非常方便。由于解析函数 $\phi(z)$ 与实平面和虚平面相关，因此它在复平面上满足调和函数。柯西—黎曼方程如下：

$$\frac{\partial(Im)}{\partial x} = -\frac{\partial(Re)}{\partial y}$$

$$\frac{\partial(Re)}{\partial x} = \frac{\partial(Im)}{\partial y}$$

6.1.1 艾瑞应力函数

在弹性力学问题中，需要寻求一个既能满足平衡方程又能满足相容方程的函数。艾瑞（Timoshenko，1951）已经证明，可以把这样一个函数 $\phi(z)$ 定义为：

$$\sigma_{yy} = \frac{\partial^2 \phi}{\partial x^2} \qquad (6.2)$$

$$\sigma_{xx} = \frac{\partial^2 \phi}{\partial y^2} \qquad (6.3)$$

$$\sigma_{xy} = \sigma_{yx} = -\frac{\partial^2 \phi}{\partial x \partial y} \qquad (6.4)$$

如果系统是线弹性的，则相容性方程式还要求将 $\phi(z)$ 简化为：

$$\nabla^2 [\nabla^2 \phi(z)] \equiv \left(\frac{\partial^2}{\partial x^2} + \frac{\partial^2}{\partial y^2}\right)\left(\frac{\partial^2 \phi}{\partial x^2} + \frac{\partial^2 \phi}{\partial y^2}\right) = \frac{\partial^4 \phi}{\partial x^4} + 2\frac{\partial^4 \phi}{\partial x^2 \partial y^2} + \frac{\partial^4 \phi}{\partial y^4} = 0$$

它满足拉普拉斯方程，其中 ∇^2 是拉普拉斯算子。方程的解与调和函数有关。

$$\sigma_{yy} = \frac{\partial^2 \phi}{\partial x^2} = \frac{\partial}{\partial x}\left(\frac{\partial \phi}{\partial x}\right) = Re\phi(z) + yIm\phi'(z) \qquad (6.5)$$

$$\sigma_{xx} = \frac{\partial^2 \phi}{\partial y^2} = \frac{\partial}{\partial y}\left(\frac{\partial \phi}{\partial y}\right) = Re\phi(z) - yIm\phi'(z) \qquad (6.6)$$

$$\sigma_{xy} = \sigma_{yx} = -\frac{\partial^2 \phi}{\partial x \partial y} = -\frac{\partial}{\partial x}\left(\frac{\partial \phi}{\partial y}\right) = -yRe\phi'(z) \qquad (6.7)$$

$$\frac{\partial \phi}{\partial x} = Re\overline{\phi}(z) + yIm\phi(z) \qquad (6.8)$$

$$\frac{\partial \phi}{\partial y} = yRe\phi(z) \qquad (6.9)$$

请注意：从相容性的角度来看，艾瑞应力函数会生成一个双调和方程。然而，在实空间 R 的分析没有类似的解或者应用。在实空间中，这个问题的核心在于斯托克斯定理或高斯定理与平衡方程之间的关系，它们必须满足平衡方程和相容方程。

（1）平衡方程：

$$\frac{\partial \sigma_{xx}}{\partial x} + \frac{\partial \sigma_{xy}}{\partial y} = 0 \qquad (6.10)$$

$$\frac{\partial \sigma_{yx}}{\partial x} + \frac{\partial \sigma_{yy}}{\partial y} = 0 \qquad (6.11)$$

为了满足所得到的式（6.10）和式（6.11），建立了笛卡尔坐标系中的受力平衡。在复变量中，需要下列方程：

$$\frac{\partial \sigma_{xx}}{\partial x} = Re\phi'(z) - yIm\phi''(z) \tag{6.12}$$

$$\frac{\partial \sigma_{xy}}{\partial x} = \frac{\partial \sigma_{yx}}{\partial x} = -yRe\phi''(z) \tag{6.13}$$

$$\frac{\partial \sigma_{xy}}{\partial y} = \frac{\partial \sigma_{yx}}{\partial y} = -Re\phi''(z) + yIm\phi''(z) \tag{6.14}$$

$$\frac{\partial \sigma_{yy}}{\partial y} = yRe\phi''(z) \tag{6.15}$$

如果将式（6.12）至式（6.15）代入式（6.10）和式（6.11），得：

$$Re\phi'(z) - yIm\phi''(z) + (-Re\phi'(z) + yIm\phi''(z)) = 0 \tag{6.16}$$

$$yRe\phi''(z) + (-yRe\phi''(z)) = 0 \tag{6.17}$$

平衡条件已经得到满足，且这些条件是斯托克斯定理的一个表达式，这一点很重要。

（2）相容条件：这些条件用于变形分析，在应变平面上位移如下：

$$2Gu = -\frac{\partial \phi}{\partial x} + \frac{4}{1+\nu}p \tag{6.18}$$

$$2Gv = -\frac{\partial \phi}{\partial y} + \frac{4}{1+\nu}q \tag{6.19}$$

$$p = \frac{1}{2}Re\overline{\phi}(z) \tag{6.20}$$

$$q = \frac{1}{2}Im\overline{\phi}(z) \tag{6.21}$$

式中，v 为垂直方向 y 上的位移；p，q 为积分后得到的复变量；u 为水平方向 x 上的位移；G 为剪切模量，$G=E/[2(1+\nu)]$；E 为杨氏模量；ν 为泊松比。

当已知 ϕ 时，式（6.18）至式（6.21）可以计算 u 和 v。但是，必须找到 $P=\nabla^2\phi$。这里，需要使用柯西—黎曼条件和考虑到 $f(z)=P+iQ$，最后确定共轭复数 Q。通过积分，可以得到复空间 **C** 中的 p 和 q。

将式（6.5）和式（6.17）代入式（6.15），可得到：

$$2Gu = \frac{Re\overline{\phi}(z)(1-\nu)}{1+\nu} - yIm\phi(z) \tag{6.22}$$

并定义一个平均值 $\overline{\nu}=\nu/(1-\nu)$，最后得到：

$$2Gu = (1-2\nu)Re\overline{\phi}(z) - yIm\phi(z) \tag{6.23}$$

现在，将式（6.6）和式（6.18）代入式（6.16）中，并采用与式（6.22）类似的方法：

84

$$2Gv = -yRe\phi(z) + \frac{2}{1+\nu}Im\overline{\phi}(z) \tag{6.24}$$

并使用 $\overline{\nu} = \nu/(1-\nu)$ 计算平均值，最后得到：

$$2Gv = -yRe\phi(z) + 2(1-\nu)Im\overline{\phi}(z) \tag{6.25}$$

请注意：本书的目标是求解解析表达式来描述垂直和水平方向上的位移；同时该位移应相对于 x 轴对称（构造裂缝是水平的）。

6.1.2　水平方向的位移 u

将 $y=0$ 代入式（6.23），得：

$$2Gu = (1-2\nu)Re\overline{\phi}(z) \tag{6.26}$$

$$\sigma_{yy} = Re\phi(z) \tag{6.27}$$

$$\sigma_{xx} = Re\phi(z) \tag{6.28}$$

$$\sigma_{xy} = \sigma_{yx} = 0 \tag{6.29}$$

考虑到 $G = E/[2(1+\nu)]$，并代入式（6.26），得：

$$u = \frac{(1-2\nu)(1+\nu)Re\overline{\phi}(z)}{E} \tag{6.30}$$

6.1.3　垂直方向的位移 v

将 $y=0$ 代入式（6.25），得：

$$2Gv = 2(1-\nu)Im\overline{\phi}(z) \tag{6.31}$$

$$\sigma_{yy} = Re\phi(z) \tag{6.32}$$

$$\sigma_{xx} = Re\phi(z) \tag{6.33}$$

$$\sigma_{xy} = \sigma_{yx} = 0 \tag{6.34}$$

将 $G = E/[2(1+\nu)]$ 代入式（6.31），得：

$$v = \frac{2(1-\nu^2)Im\overline{\phi}(z)}{E} \tag{6.35}$$

式（6.30）和式（6.35）在 Westergaard（1939）、De Vedia（1986）、Sih（1966）和 Saouma（2000）的文献中可以查到。

6.2　韦斯特加德解在构造裂缝中的应用

由于上覆地层的作用，水平天然裂缝可能在储层衰竭过程中闭合，如图6.2所示。此外，这种特殊应用包含三个方面：$\sigma_{xx} = \sigma_{yy}$、$\sigma_{xy} = 0$ 和 $y=0$，并考虑了法向应力，这意味

着它们相对于 x 轴是对称的，二维应力场是均匀的（静水压力试验）。考虑了在应力（x，y）和变形（u，v）平面状态下的拉普拉斯（双调和）方程、相容方程和平衡方程。

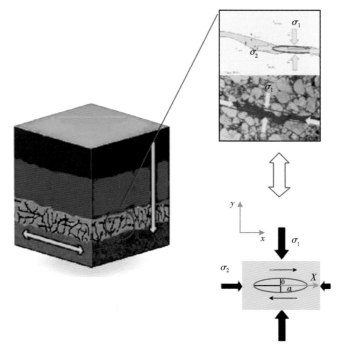

图 6.2　油藏衰竭过程中上覆地层对裂缝的影响

图 6.3 是基于安德森（Anderson）断层理论关于正断层、走滑断层和逆断层相对应力强度的分类方案。该断层理论通过地壳深度的强度来确定某深度的三个主应力的大小。韦斯特加德解的应用适用于正断层、逆断层或逆冲断层的情形。

孔隙流体压力和垂直有效应力应该能支撑上覆压力，使开启的裂缝保持在正常的应力状态。这种状态与有效应力概念有关，有效应力是上覆压力和孔隙压力之间的差值

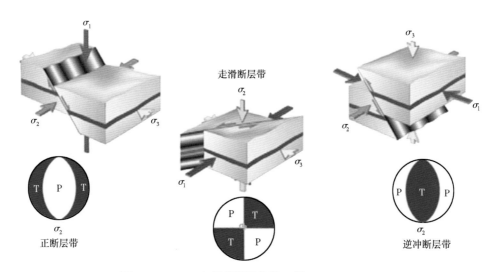

图 6.3　E. M. 安德森断层分类（据 Fossen，2010）

（Terzaghi，1923）。一旦储层存在不均衡压实，即孔隙流体压力下降，在上覆地层重力作用下，储层水平裂缝将闭合（图6.2）。

流体力学数学问题本质就是获取解析函数 $f(x)$，通过该函数来描述平衡应力状态：

（1）$y=0 \Rightarrow \sigma_{yy}=0$ （$-a \leqslant x \leqslant a$）。

（2）$\lim\limits_{x \to \infty} f(x) = \sigma$ （$-a \leqslant x \leqslant a$）。

因此，提出的解析函数 $f(x)$ 如下式所示：

$$f(x) = \frac{\sigma}{\sqrt{1 - a^2/x^2}} \tag{6.36}$$

适用条件分析：

初始条件下，如果 $f(x)=0$，则 $\sigma=0$ 和 $\sigma_{yy}=\sigma=0$。

现在，如果 $x \to \infty$，那么 $f(x)=\sigma$。也就是说，裂缝被拉长并使其闭合，式（6.36）可以写成：

$$\sigma_{yy} = \frac{\sigma}{\sqrt{1 - a^2/x^2}} \tag{6.37}$$

如果 $x=z$，那么式（6.37）变成：

$$\phi(z) = \frac{\sigma}{\sqrt{1 - a^2/z^2}} \tag{6.38}$$

位移 v 是变化的，那么椭圆的形状应该关于 x 轴对称，这时位移由式（6.35）得到。此外，式（6.35）需要计算 $\overline{\phi}(z)$：

$$\overline{\phi}(z) = \int \frac{\sigma}{\sqrt{1 - a^2/z^2}} \mathrm{d}z = \int \frac{z\sigma}{\sqrt{z - a^2}} \mathrm{d}z$$

应用三角替换积分和分步积分得到：

$$\overline{\phi}(z) = \sigma \left\{ za\cosh\left[\frac{z}{a} - a\left(\frac{z}{a}\right) a\cosh\left(\frac{z}{a}\right) + a\sqrt{\left(\frac{z}{a}\right)^2 - 1}\right]\right\} = \sigma\sqrt{z^2 - a^2} \tag{6.39}$$

将式（6.39）代入式（6.35），分析条件，并考虑长度为 $2a$ 的有限裂缝：

$$v = \frac{2(1 - \nu^2)\sigma\sqrt{a^2 - x^2}}{E} \tag{6.40}$$

如果 $x=\pm a$，则 $v=0$。然而，当 $x^2>a^2$，这时 v 是一个复数，为实空间中的位移。此外，式（6.40）的平方为：

$$v^2 = \left[\frac{2(1 - \nu^2)\sigma}{E}\right]^2 (a^2 - x^2) \tag{6.41}$$

式（6.41）代表一个椭圆形，其中 E 和 ν 是石灰岩的固有参数，并且 σ 必须保持一致，使裂缝保持张开。式（6.41）可以改写成：

$$\frac{v^2}{cte^2} + \frac{x^2}{1^2} = a^2$$ (6.42)

其中： $$cte = 2(1-v^2)\sigma/E$$

以上已经讨论了韦斯特加德解在构造裂缝中的应用。

6.3 韦斯特加德解在构造裂缝石灰岩储层中的应用

该应用的目的是在考虑力学性质和流体压力的情况下，确定裂缝坍塌条件。下面对不同的地质和动态特征进行描述。

6.3.1 油田现场地质情况

考姆普利耶·安东尼奥·J·伯缪德斯（CAJB）油田群位于墨西哥塔巴斯科庄园的昆杜阿坎和森特罗镇，距离维拉尔莫萨市东北约 20km，图 6.4 显示了它所在的地理位置。CAJB 油田群由卡里索（Carrizo）油田、昆杜阿坎（Cunduacán）油田、伊里德（Íride）油田、奥西卡克（Oxiacaque）油田、普拉塔纳尔（Platanal）油田和撒玛利亚（Samaria）油田组成（CNH，2013）。

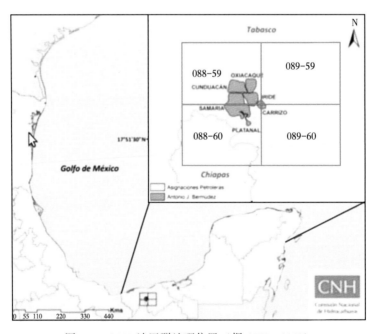

图 6.4 CAJB 油田群地理位置（据 CNH，2013）

CAJB 油田构造存在盐侵，褶皱强烈。油田被正断层、走滑断层和逆断层分开，形成具有不同岩性特征的区块，但水动力系统上相互连通。

油气成藏受到北部低渗带（0.001~0.1mD）和东部南北向正断层共同控制，导致油气界面在东北部，油水界面位于南部和西部，如图 6.5 和图 6.6 所示。图 6.5 显示了由复杂断层系统组成的盐层，表现出强烈的区域和局部应力，这些断层系统可以在图 6.6 三维构造中观察到。

88

图 6.5　CAJB 油田群上白垩统顶部构造等高线图

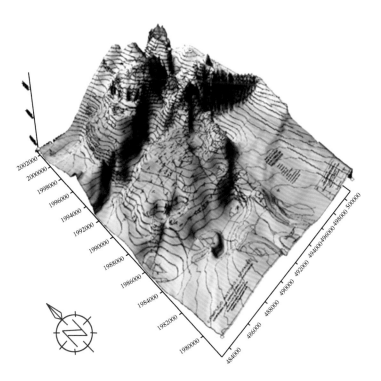

图 6.6　CAJB 油田上白垩统顶部三维构造等值线

该油田是一个受构造控制的碳酸盐岩黑油油藏，API 重度为 20~31°API；油藏原始压力为 533kgf/cm² (7581.06psi)，饱和压力为 319kgf/cm² (4537.24psi) (Fong 等，2005)。

CAJB 油田因盐丘、断层和构造裂缝的存在，所以其为一个复杂的石灰岩油藏。

1974 年，Madrigal 发表了存在的盐层是影响褶皱和断层形成原因的论文。在撒玛利亚油田和昆杜阿坎油田，盐体没有刺入石灰岩层，形成受正断层和滑脱断层影响的穹顶构造，即石灰岩层产生变形 (Madrigal，1974)。因此，可以在每口井中观察到厚度的变化和减小，表明盐体的存在及其造成的影响。图 6.7 显示了厚度变薄的情况。

盐丘的构造特征如下 (Yin 和 Groshong，2007)：

(1) 俯视图中盐丘为圆形或椭圆形。

(2) 盐丘高于周围区域。

(3) 穹隆早期断层较少，晚期断层较多。

(4) 盐丘上覆地层被径向正断层切割。

可在图 6.8 中观察到上述特征。

当将图 6.5 与图 6.8 进行比较时，由于 CAJB 油田中存在盐丘，可以观察到一些相似之处。

将建立适用单一裂缝介质模型的应用，该模型还考虑了裂缝网络系统。对 CAJB 油田的建议就是建立一个裂缝模型 (CNH，2013)。

6.3.2 古生物学描述

20 世纪 70 年代，学者对 CAJB 油田北部、东部和南部进行了古生物学研究，在这里发现了有利的油气藏。

在 CAJB 油田中观察到浮游有孔虫、未分化碎片和微型动物化石。

在晚白垩世至坎潘期—马斯特里赫特期，浮游有孔虫非常普遍 (如 *Globotruncanita stuartiformis*，*Globotruncana ventricosa*，*Pseudotextularia* cf *nuttalli*，*Pseudotextularia* sp.，*Cotosotruncana* sp.，*Globigerinelloides* sp.，*Globotruncana* sp.，*Globotruncanita* sp.)。

另外，浮游有孔虫的存在 (如 *Globotruncanita stuartiformis*，*Globotruncanita* cf *stuarti*，*Radotruncana calacarata*，*Globotruncana* sp，*Globotruncanita* sp.)，以及沟盖虫属 (底栖有孔虫) 的轴线或次轴切痕，表明该虫属于晚坎潘期的微型动物。

在薄片上观察到了许多微型动物 (如 *Marginotruncana undulata*，*Globotruncana bulloides*，*Marginotruncana* sp.，*Globotruncana* sp.，*Cotosotruncana* cf *fornicata*，和 *Cotosotruncana fornicata*)，显示其属于晚白垩世至圣通期。

未分化的生物碎片、丰富的放射虫和少量未经鉴定的底栖有孔虫可指示晚白垩世沉积相。

6.3.3 岩相学描述

岩相学研究用来记录影响 CAJB 油田碳酸盐岩的成岩作用 (压溶缝、埋藏裂缝和矿化作用) 及总的埋藏史。

考姆普利耶—伯缪得斯石灰岩水平方向的薄片中发现了一种放射虫颗粒状泥晶石灰岩沉积相类型。这种类型的石灰岩是细粒的 (泥支撑)、泥晶基质 (微晶灰岩)，含有超过 10% 的异化作用成分。变构体是方解石中的圆形放射虫铸模，具有部分再结晶的藻类物质

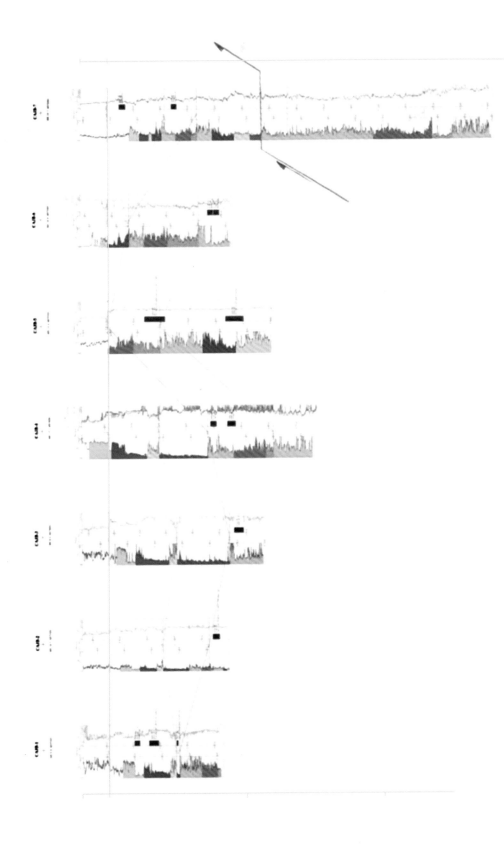

图 6.7　CAJB 油田中油井厚度变化

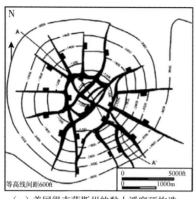

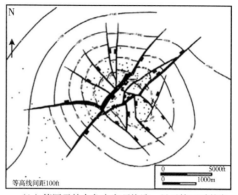

（a）美国得克萨斯州的黏土溪穹顶构造，
显示威尔科克斯地层顶部的正断层和等高线
（据麦克道尔，1951）

（b）德国雷特布鲁克穹顶构造，显示第三系基底
上的正断层和等高线（据Schmitz和Flixeder，
1993，经施普林格科学和商业媒体许可）

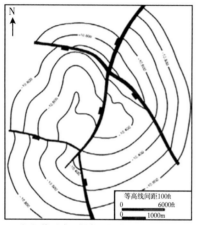

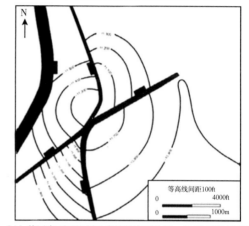

（c）美国路易斯安那州虎滩穹顶构造，
显示T砂层顶部正断层和等高线（据Smith 等，
1988；经新奥尔良地质学会许可转载）

（d）美国密西西比州西克拉拉穹顶构造，显示了渡口湖硬
石膏基底上的正断层和等高线（据戴维斯和兰伯特，1963；
经密西西比地质学会许可重印）（据Yin和Groshong，2007）

图 6.8　典型活跃盐丘构造等高线图

本图中的纬度和经度和数据，除了雷特布鲁克盐丘外，均来自经纬度服务公司（2006）

结构。此外，还有重结晶方解石填充的微裂缝。这种现象如图 6.9 和图 6.10 所示。

此外，还可以观察到假层理现象，包括钙化微裂缝和其他未将方解石染成深蓝色的微裂缝。在薄片显微照片中，观察到中等粒间孔隙和低内部孔隙的油浸现象。此外，泥晶基质包含黑色有机物质，如图 6.9 所示。

垂直方向的薄片中鉴定出一种微相，即圆形放射虫泥岩—泥晶石灰岩。该岩相主要由微晶（颗粒支撑）组成，含有油浸的方解石（浅棕色）圆形放射虫铸模。

尽管如此，由方解石填充的裂缝穿过了钙质页岩的假层理或夹层。另外还在薄片显微照片中观察到了含油的粒间孔隙和低孔隙度的内部化石，如图 6.11 所示。

图 6.12 显示钙质页岩夹层，它们之间有微细裂缝穿过并与之相交，但裂缝中间被结晶方解石填充。

由于白云岩矿物在三角菱面体系统中结晶，在薄片中没有观察到白云岩化过程。它不像方解石那样在稀盐酸中迅速溶解或起泡。

地层中不存在由溶解作用引起的矿物交代或溶洞。由于上覆压力的存在，有可能发现

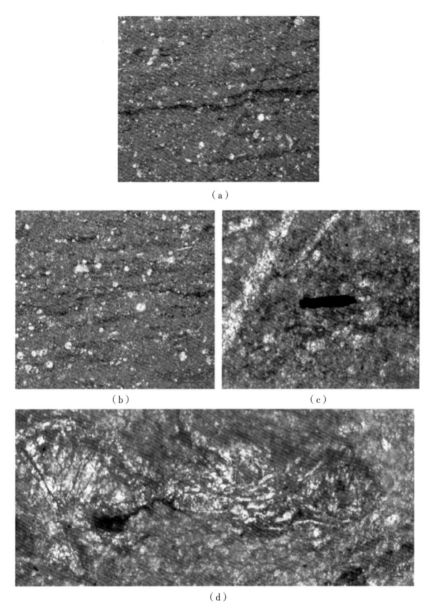

图 6.9　放射虫泥晶石灰岩的显微照片 ［用平行尼科尔偏光镜 （2.5X） 拍摄］
（a） 和 （b） 不连续裂缝，无胶结 （深色）；（c） 钙质页岩和油 （黑色），以及结晶裂缝的假层理或夹层；
（d） 显示由方解石重结晶的藻类的照片

缝合线，但由于 CAJB 油田可能发生过强烈的构造活动，缝合线可能出现倾斜，甚至垂直于层理。

6.3.4　渗透率和孔隙度

　　利用孔渗仪对位于 CAJB 油藏北部、东部和南部岩心样品的渗透率和孔隙度进行了测量。样品 3 和样品 4 （位于北部） 的孔隙度和渗透率最低；该地层可能起到封堵的作用，见表 6.1。

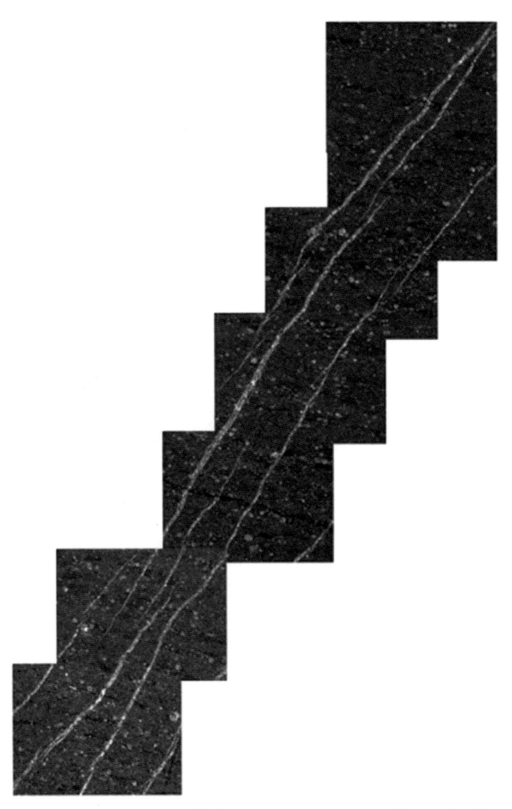

图 6.10　显示由方解石重结晶的平行连续裂缝的拼嵌照片［用交叉尼科尔偏光镜（2.5X）拍摄］

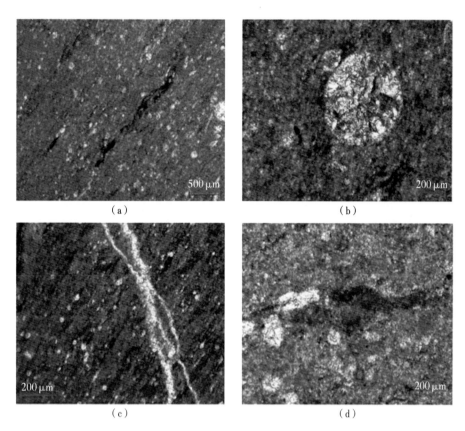

图 6.11　放射虫泥晶石灰岩的显微照片

（a）一种带有圆形放射虫的泥晶基质，用交叉尼科尔偏光镜（2.5X）拍摄。（b）放射虫完全重结晶，用交叉尼科尔偏光镜（20X）拍摄。（c）棕色烃类在方解石部分胶结的泥晶基质和细裂缝中的交替，用交叉尼科尔偏光镜（2.5X）拍摄。（d）棕色油浸重结晶放射虫，用交叉尼科尔偏光镜（20X）拍摄

表 6.1　800psi 围压下的渗透率和孔隙度

岩心样品	直径（cm）	长度（cm）	孔隙度（%）	渗透率（mD）
1（南部）	10	15.9	4.5	4.1
2（南部）	2.539	5.248	2.9	3.1
3（北部）	2.528	4.575	0.5	0.0148
4（北部）	2.526	3.929	1.3	0.0743
5（东部）	2.519	5.742	5.8	2.20
6（东部）	2.531	3.234	7.3	0.0921

　　由于样品尺寸的原因，岩心样品中看不到裂缝或微裂缝；此外，缺乏不连续体意味着渗透率低。表明这类样品为岩石基质。

6.3.5　X 射线衍射法鉴定和分析碳酸盐岩

　　该研究的主要目的是对岩石组分进行识别和定量分析。为了得到"均质"的样品，用来分析的材料通常必须经过切割、研磨、变形或抛光等破坏性的方法来制备。在这方面，采用了 X 射线衍射（DRX）模式来进行分析。

图 6.12　显示含放射虫，胶结裂缝的泥晶基质的拼嵌照片 ［采用交叉尼科尔偏光镜 （2.5X） 拍摄］

非均质材料的成分可以通过无损分析来确定，即可以通过 X 射线荧光（FDRX）来计算。主要元素组成（氧化物）用 X 射线荧光光谱仪测定。

根据标准 X 射线衍射程序（Hardy 和 Tucker，1988），为全岩石矿物学分析制备了六个石灰岩样品。对粉末样品进行 4°~80°扫描，散射角为 2θ，得到不同强度值 L（计数）。

根据实验室建议的标准分析程序（Oxides-Helio 方法），测定了微量元素和氧化物的组成，并对二氧化硅（SiO_2）、氧化镁（MgO）、氧化铁（Fe_2O_3）、氧化锶（SrO）、氧化铝（Al_2O_3）、三氧化硫（SO_3）和氧化钙（CaO）等氧化物进行了定量分析。微量元素的分析精度误差小于±6%。

表 6.2 显示出 CaO（93.62%~97.06%）和 SiO_2（2.13%~5.04%）的变化范围大，而 SrO（0.17%~0.24%）的变化范围小。所有样品中的 Fe_2O_3 含量在 0.15%~0.36%。碳酸盐岩样品中 SO_3 和 Al_2O_3 含量很低。相反，在岩石样品中没有观察到 MgO。低的 SrO 含量说明，之前的石灰岩经历了相当强程度的成岩作用，导致 SrO 的亏损。Al_2O_3 的有效来源可能与富含硅质碎屑的细粒沉积物有关，这些沉积物提供相当数量的铁和铝。

表 6.2　碳酸盐岩样品中氧化物的含量

样品	CaO	SiO$_2$	SO$_3$	SrO	Fe$_2$O$_3$	Al$_2$O$_3$	MgO
	[%（质量分数）]						
1（南部）	97.06	2.13	0.42	0.24	0.15	—	—
2（南部）	95.83	3.74	0.21	0.17	0.05	—	—
3（北部）	93.78	5.37	0.45	0.22	0.18	—	—
4（北部）	93.93	5.21	0.39	0.25	0.22	—	—
5（东部）	93.73	5.13	—	—	0.31	0.83	—
6（东部）	93.62	5.04	—	—	0.36	0.98	—

在钙镁碳酸盐中可以观察到 MgO。没有 MgO 说明所有岩石样品可能都是石灰岩。许多白云石是由于先前存在的碳酸钙（方解石和文石矿物）的置换作用或在成岩过程中的交代作用而形成的。此外，Sr 的亏损反映了强成岩作用过程。如图 6.13 和图 6.14 的 X 射线衍射图所示，这些岩石样品中没有发生这种蚀变过程；此外，因为白云石与成岩作用有关，也不能排除 CAJB 油田中的白云石化过程。

图 6.13 显示存在石英晶体二氧化硅（六角形石英同晶）和方解石（$CaCO_3$）。同时，图 6.14 显示出两种形态的石英晶体（六角形石英同晶和六角形石英）、方解石和氧化铁。

使用 X 射线衍射图中的石英、氧化铁和方解石峰计算碎屑和碳酸盐百分比，结果见表 6.3。

表 6.3　样品中方解石、石英及其他元素含量

样品	CaCO$_3$ [%（质量分数）]	SiO$_2$ [%（质量分数）]	其他 [%（质量分数）]
1（南部）	93.75	5.02	1.23
2（南部）	96.48	2.12	1.40
3（北部）	95.83	3.37	0.80
4（北部）	94.93	4.19	0.88
5（东部）	96.73	3.13	0.14
6（东部）	96.62	3.04	0.34

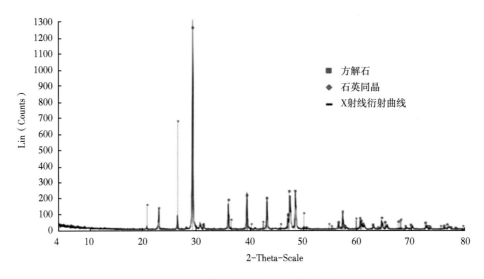

图 6.13　南部 1 号样品 X 射线衍射图

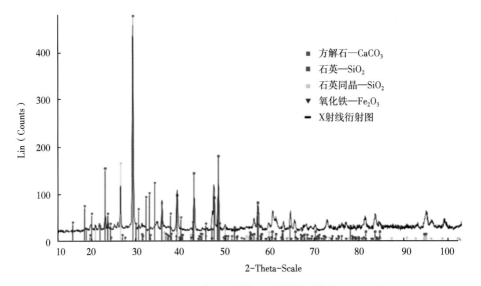

图 6.14　北部 1 号样品 X 射线衍射图

请注意：通过薄片岩石学和 X 射线衍射研究，对碳酸盐岩成分进行了定量分析和鉴定。结果显示出类似的方解石和石英矿物。薄片和 X 射线衍射结果没有差异。

此外，这些研究表明分析的样品中不存在白云石；尽管因此认为在 CAJB 油田中只有方解石的认识是不全面的。

6.3.6　计算机层析成像

研究中利用 CT 显示出内部裂缝和微裂缝，并验证其几何结构和形态。把可用的、无溶解或可见不连续体的钙质岩心认为是无裂缝的基质岩石。如果岩心内部结构的密度发生变化，可以观察到狭窄的次级平面裂缝。

在碳酸盐岩油藏中获得了岩心样品（长 15.9cm，直径 10cm）。图 6.15 显示了扫描间

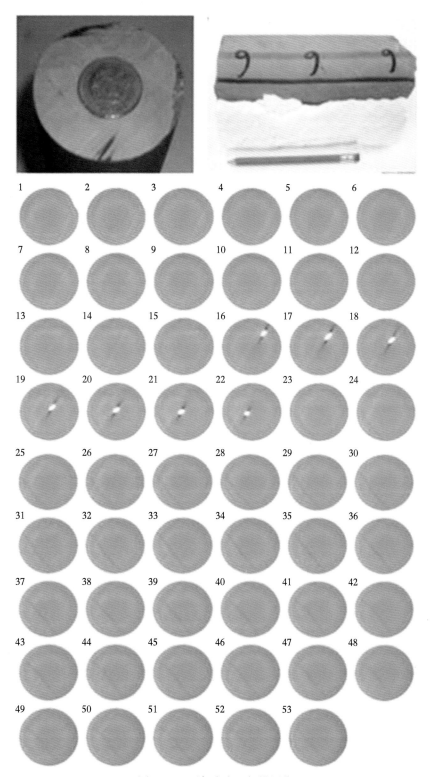

图 6.15　石灰岩岩心扫描图像

暗阴影与低密度相关；白色与高密度区有关，具有明显的宏观裂缝

（墨西哥塔巴斯科州萨马利亚—卢纳地区 CAJB 油田下白垩统）

距为 3mm 的石灰岩岩心扫描图，可以看见狭窄的次级平面裂缝。它们是开启的、变形的和矿物填充的裂缝。在图像 16 至 21 中，可以观察到大开度的开启裂缝，在图像 30 至 42 中，还有其他开度较小的裂缝。另外对岩心进行目测观察，未发现任何可能相互连通的裂缝（图 6.15 中的图像 30 至 53）。大体上，这些长度有限的裂缝，其开度为 1~2mm，油气能够在它们中间流动；实际上因为裂缝连通了岩石中的储集空间，它们也提供了有效的孔隙度。这些样品中不存在溶解作用，如溶洞和洞穴。

影响天然裂缝性碳酸盐岩油藏的瞬态流量和生产特征的因素很多，如裂缝的导流能力、倾角、长度和不连续体的分布，以及不连续体之间是否相连通。CT 显示平面不连续体之间不连通。

6.3.7 流体孔隙压力

图 6.16 显示了与调和函数不同的压力衰竭模式。此外，在不同的油田（撒玛利亚、依瑞德、普拉塔纳尔、昆杜阿坎和奥西卡克）之间也显示出类似的趋势，CAJB 油田的原始压力为 540kgf/cm^2（7680.60psi），其递减率为每年 6kgf/cm^2（85.34psi），油藏泡点压力为 318.50kgf/cm^2（4530.13psi）（Fong 等，2005）。

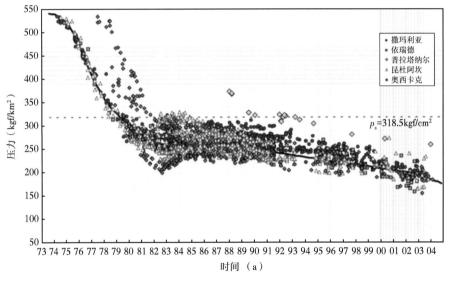

图 6.16　CAJB 油田的压力特征

这些油田具有重力分异形成的气顶和巨大的底部天然水体。因此油井在生产过程中，同时产出油和水。CAJB 油田的原始石油储量超过 8×10^{9}bbl，累计产量为 2.85×10^{9}bbl，采收率约为 35%。油井的平均深度为 4500m（14763.78ft），储层为石灰岩，总厚度为 800m（2624.67ft）（Guerrero 和 Mandujano，2014）。

6.4　碳酸盐岩力学性质

碳酸盐岩力学性质取决于其矿物组成、颗粒排列方式、不连续体类型和地质历史作用。裂缝表面受应力分布和力学性质的影响，裂缝开度与局部位移有关，大量非线性变形受裂缝周围的线弹性场所控制。因此，韦斯特加德解中将考虑到这些重要的线弹性裂缝力学参数（杨氏模量和泊松比）。

裂缝塌陷可用上覆应力（σ_1）来描述，并能计算出孔隙压力。构造裂缝既是具有流体动力学特征又是具有机械特性的不连续体。孔隙压力的降低会增加有效应力，引起储层应变。裂缝的渗透性随应变场的变化而改变，并影响裂缝中黏性力和毛细管力（改变进入毛细管的压力）之间的平衡。

饱和原油的多孔岩石表现出孔隙弹性特征。而且地层在屈服应力水平之下表现出弹性，然后发生无限制地塑性变形。原则上，当材料发生弹性变形且强度接近岩石破坏时，即出现了孔隙弹性特征。

6.4.1 上覆岩层应力

上覆岩层应力 S_v 的大小是通过对从地表到目的层深度 h 的岩石密度（Zoback，2007）进行积分得到的，而岩石密度通过密度测井得到。储层必须承受上覆地层的重量。上覆岩层应力根据下式计算得到：

$$S_v = \int_0^h \rho(h) g \mathrm{d}h \approx \bar{\rho} g h \tag{6.43}$$

式中，$\rho(h)$ 是密度，与深度相关的函数；g 是重力加速度；$\bar{\rho}$ 是平均上覆地层密度（Jaeger 和 Cook，1971）；$h=0$ 对应于地表。

图 6.17 显示了密度测井（RHOB）和使用式（6.43）计算的上覆岩层应力。密度测井有噪声背景，在地表（0）和特定深度（2329ft）之间没有数据。因此，有必要将密度

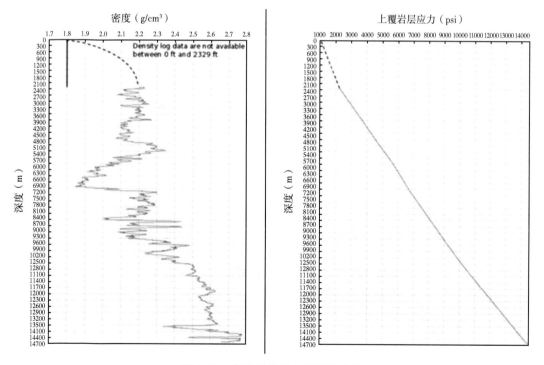

图 6.17　密度测井和上覆岩层应力

101

外推到地表，这里估计密度约为 1.8g/cm³（页岩密度）。图 6.17 显示了密度测井和考虑了外推至地表密度计算的上覆岩层应力结果。密度测井的真实特征描述了上覆岩层应力与深度相关的非线性增量关系，这意味着上覆岩层应力计算中的斜率存在变化。近似解中假定上覆岩层的表层为页岩。

当垂直应力在正断层区域（$\sigma_1 \geqslant \sigma_2 \geqslant \sigma_3$）占主导地位时，其中 $S_v = \sigma_1$，$S_{Hmax} = \sigma_2$，$S_{hmin} = \sigma_3$，原地主应力大小的上限即为既有裂缝和断层的摩擦强度。

6.4.2 最大和最小水平应力

综合考虑储层流体流动的地层应力计算对地质力学评价具有重要意义。地层应力状态由上覆应力 S_v、最大水平应力 S_{Hmax} 和最小水平应力 S_{hmin} 这三个主应力的大小和方向来描述。现有的水平应力大小计算技术包括井壁剥落分析、漏失测试、微型压裂、台阶流量测试和水力压裂。

漏失测试（LOT）和扩展漏失测试（ELOT）能够得出 S_{Hmax} 和 S_{hmin} 的大小。S_{Hmax} 的大小是最难确定的参数，不像 S_{hmin} 可以通过水力压裂和漏失测试来确定。然而，目前还没有直接测量最大主应力 S_{Hmax} 的方法。如果地层抗拉强度 T_0 已知，则可以通过漏失测试或阶梯状流量测试来确定 S_{Hmax}。T_0 是用于描述拉伸破坏，可根据岩心测试、测井和微型压裂扩展漏失测试计算得到的。

漏失测试和扩展漏失测试的区别如下：

（1）LOT 压力是建立起使地层达到破裂的压力。ELOT 压力是通过漏失压力达到地层破裂压力。

（2）ELOT 执行多个周期以克服 T_0 的影响，而标准 LOT 通常执行一个周期。

（3）LOT 的关井时间为 10~15min，而 ELOT 需要 30min 的关井时间。

建议采用基于井壁剥落的机械破坏约束条件来计算最大主应力 S_{Hmax} 的方向和大小。

图 6.18 显示了往井筒中泵送钻井液期间漏失测试的各个阶段压力特征。当观测到斜

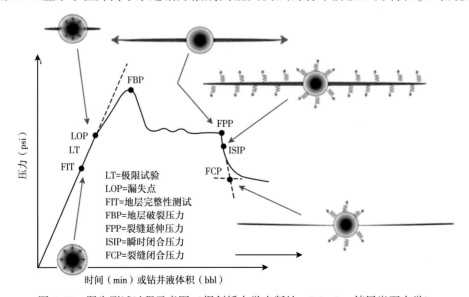

图 6.18 漏失测试过程示意图（据剑桥大学出版社，Zoback，储层岩石力学）

率变化时，漏失点（LOP）的压力近似等于最小主应力。如果未达到 LOP，则可以开展地层完整性测试，即 FIT。在 LOT 或 ELOT 过程中达到的峰值压力称为地层破裂压力（FBP），这时，裂缝扩展是不稳定的。之后，泵送压力在裂缝扩展压力（FPP）处下降，在低迂曲度和流体黏度条件下，这可能是最小主应力 S_{hmin}。然而，如果在水力压裂过程中发现压力衰减的线性变化，裂缝闭合压力（FCP）和瞬时闭合压力（ISIP）则是更好的测量最小主应力的方法（Nolte 和 Economides，1989）。

在没有上述试验的情况下，使用动态泊松比来进行水平应力大小的近似计算，由于地层中出现局部应力变化和岩石侧向膨胀，该计算结果可能不是太可靠。

图 6.19 显示了 CAJB 油藏深度为 13845ft（4220m）的漏失测试情况。漏失测试仅进行到了漏失点，这是油田实际操作中的典型做法。数值已经显示在图上，用来确定最小主应力大小。红线描述了地层完整性测试，表明井筒压力不足以在井壁上形成一条裂缝，它没有超过最小水平主应力。绿线用来描述漏失点，流体压力开始通过井壁传播，达到的峰值压力称为地层破裂压力，表示裂缝从井壁向外开始不稳定延伸。该井的 S_{hmin} 为 10223.35psi，压力梯度为 0.74psi/ft，地层破裂压力为 10321psi。

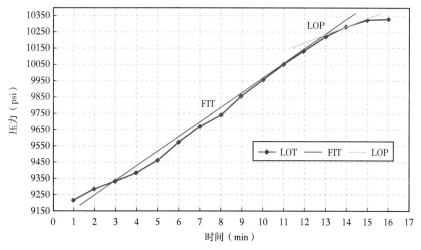

图 6.19　CAJB 油田漏失试验过程示意图

表 6.4 显示了 CAJB 油田三个直径和长度相似样品的拉伸强度间接试验结果。岩心样品 5（位于东部）的孔隙度最大，渗透率中等。材料的拉伸强度是指材料发生断裂或永久变形（形状改变）时的拉伸应力。在静态试验中，拉伸强度的平均值为 413.06psi。此外，表 6.4 显示出不同的拉伸强度值，这是由于三个样品中存在弱层理面、裂缝和其他非均匀性造成的。

表 6.4　抗拉强度间接试验结果

样品	直径（in）	长度（in）	应力（psi）	拉伸强度（psi）
2（南部）	1.487	1.170	765.00	280.05
4（北部）	1.486	0.893	741.00	355.58
5（东部）	1.486	0.918	1293.00	603.56

S_{Hmax} 可使用以下表达式来确定：

$$S_{Hmax} = 3S_{hmin} - p_b - p_p + T_0 \qquad (6.44)$$

式中，p_b 为地层破裂压力；T_0 为抗拉强度；p_p 为储层孔隙压力。

考虑到该井钻于 1998 年：$p_b = 10321\text{psi}$，$T_0 = 413.1\text{psi}$，$S_{hmin} = 10223.35\text{psi}$，$p_p = 240\text{kgf/cm}^2$（3413.6psi）（图 6.16），将以上参数代入式（6.44），得：$S_{Hmax} = 17349\text{psi}$，$S_v = 18017\text{psi}$。

图 6.20 显示了套管深度（13845ft）点的上覆应力（S_v）、静水孔隙压力（p_p）、S_{hmin} 和 S_{Hmax}。静水孔隙压力通常使用 $p_h = 0.433\rho_w h$ 计算，其中，水的密度 $\rho_w = 1.0\text{g/cm}^3$。为了计算上覆应力，深度在 0~2329ft 范围内地层采用了页岩密度。图 6.20 还显示了油藏的平均压力，它低于静水压力（低压），且 S_{Hmax} 接近 S_v。这在物理上意味着局部储层应力正在发生变化，描述了它们之间的一种偏转和新型关系。根据现场经验，利用成像测井和井壁崩塌方向可以验证水平应力的方向。此外，图 6.3 中描述的安德森分类方案，考虑了从正常断层到走滑断层的变化，该变化是由于在 CAJB 油田中储层衰竭引起的。该油田经过 24 年的生产，初始压力和平均压力之间的压降为 4267.20psi。

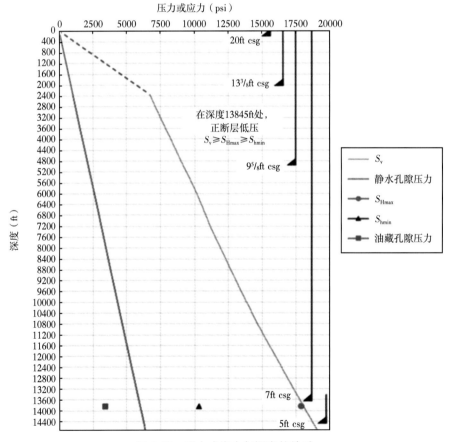

图 6.20　压力或应力与深度的关系

在储层深度处的水平应力值，有四个重要特征值得注意。第一，S_{Hmax} 的大小非常接近 S_v，当 $S_{Hmax} = \sigma_1$、$S_v = \sigma_2$、$S_{hmin} = \sigma_3$ 且 $\sigma_1 \geqslant \sigma_2 \geqslant \sigma_3$ 时，该地区存在走滑断层区域。第二，

104

CAJB 油田特征是具有明显构造活动，构造活动时代为第四纪，表现了区域内的变形情况。第三，由于先前的构造活动，形成了走滑断层区域。在某些情况下，这些区域已经有数千万年没有构造断层活动了。Madrigal（1974）描述了该地区的走滑断层、侧向断层和具有侧向滑动的正断层。因此，这与安德森分类中寻找从正断层到走滑断层的变化是一致的。第四，与地质记忆有关；换句话说，从最年轻的到最古老的所有构造事件都与静态行为有关。部分现象表明在天然裂缝性碳酸盐岩油藏中，在初始生产阶段保持以前的流动模式直到衰竭，展现出碳酸盐岩成岩的历史。

6.4.3 弹性参数：杨氏模量和泊松比

弹性模量是应力与应变之比。使用纵波速度（v_p）和横波速度（v_s），可以计算出考虑了比奥·加斯曼速度关系的弹性模量。如前所述，韦斯特加德求解方案使用了杨氏模量和泊松比。根据作用力的模式，可能会产生三种类型的变形。三种弹性模量分别为：

杨氏模量：$\qquad\qquad\qquad E=(F/A)/(dL/L)$

体积模量：$\qquad\qquad\qquad K=(F/A)/(dV/V)$

剪切模量：$\qquad\qquad\qquad G=(F/A)/\tan x$

式中，F/A 是单位面积上的力；dL/L，dV/V，$\tan x$ 分别是长度、体积和形状的分数应变。

另一个重要的弹性参数称为泊松比，定义为垂直方向上的应变与拉伸力方向上的应变之比：

$$v=(dx/x)/(dy/y)$$

式中，x 和 y 是材料原始尺寸；dx 和 dy 分别是在 x 和 y 方向上的变化量，因为导致变形的应力作用在 y 方向上。

地震波的频率会产生速度（或弹性模量）差异。反射地震测量（10~50Hz）比声波测井（约 10kHz）要慢（产生较低的模量），而声波测井的速度比超声实验室测量（通常约 1MHz）要慢。

弹性模量是使用三轴压缩实验系统（静态试验）来进行测量的，其中围压是通过流体静压力来施加的。杨氏模量（E）由应力—应变切线的斜率确定，泊松比（v）由径向应变与轴向应变的比值得到。表 6.5 显示了由样品试验测试确定的弹性参数的结果。另外，可以用相速度来表示弹性参数，并可以找出对应的计算杨氏模量和泊松比的表达式，其公式如下：

表 6.5 三轴试验和弹性性质

样品	围压（psi）	温度（℉）	杨氏模量（kpsi）	泊松比
	500	76	6192.40	0.28
	1000	72	5239.92	0.33
2（南部）	2000	72	5608.80	0.38
	2500	71	5466.62	0.38

$$E = \rho v_\mathrm{p}^2 \frac{3v_\mathrm{p}^2 - 4v_\mathrm{s}^2}{v_\mathrm{p}^2 - v_\mathrm{s}^2} \quad (6.45)$$

$$v = \frac{v_\mathrm{p}^2 - 2v_\mathrm{s}^2}{2(v_\mathrm{p}^2 - v_\mathrm{s}^2)} \quad (6.46)$$

式中，v_p 为纵波速度；v_s 为横波速度；ρ 为体积密度。

表 6.5 和表 6.6 显示了石灰岩样品测得的弹性参数和波速。虽然静态压缩测试是在考虑到三个重要条件的情况下建立起来的，但这些条件可以与动态数据形成鲜明的对比：

（1）温度：约 72℉。

（2）围压：500～2500psi（范围）。

（3）声频：400kHz（测试设计）。

表 6.6　波速

样品	围压（psi）	轴向载荷（klb）[d]	频率（kHz）	$v_\mathrm{p}^{[a]}$（ft/s）	$v_\mathrm{s1}^{[b]}$（ft/s）	$v_\mathrm{s2}^{[c]}$（ft/s）
2（南部）	0	0.5	400	10717	6675	6580
	500	0.87	400	11297	6859	6731
	1500	2.64	400	12820	7177	7314
	2500	4.38	400	13673	7587	7677

[a] v_p = P 波速度；

[b] v_s1 = S1 波速（剪切波-1，二次波-1 或横向波-1）；

[c] v_s2 = S2 波速（剪切波-2，二次波-1 或横向波-1）；

[d] 1klb = 4448.22N。

弹性模量可以由声学数据（测井或地震）确定，也称为动态测试模量。静态模量和动态模量之间的主要差异通常由测量的声波频率和实验中使用的应变幅度差异来解释。在压缩试验中，应变较大，试样会发生非弹性变形。

图 6.21 显示出声波测井的压缩波和剪切波传播时间。传播时间间隔 Δt 或速度减慢幅度用于计算地层中的孔隙度。同样的模式出现在两次传播时间中，它们在逐渐下降。次生孔隙如溶洞和裂缝的存在，使声波测井的定量评价变得复杂。在这种情况下，有必要与反映总孔隙度的其他测井进行比较。图 6.21 显示了低孔隙度和固结非常好的地层情形。由于在图 6.17 和图 6.21 中观察到声波传播时间和密度显著增加，因此发现油藏产层中存在平面或非平面不连续体。横波在固体介质中传播，纵波在液体介质中传播。

图 6.22 显示了油藏中产层的波速，它是声波测井中得到的传播时间的倒数。因此，纵波速度和横波速度的特征将与传播时间完全相反。产层中的横波速度和纵波速度增加，则表明存在特殊的弱固结多孔介质。

泊松比用式（6.46）和声波测井波速来进行计算。

图 6.23 显示，数据变小意味着低泊松比。这种偏差可能源于小的孔隙压力或裂缝被液体部分充填。生产层位代表含有不连续体的地层；因此，泊松比小于均质岩石的固有有效泊松比。相比之下，含闭合裂缝的地层的有效泊松比大于其固有泊松比，这意味着裂缝仍然是开启的。

众所周知，影响石灰岩泊松比的因素很多。岩石力学性质取决于孔隙空间的体积和几何结构、矿物组成、饱和流体类型及其分布（Chopra 和 Castagna，2014）。

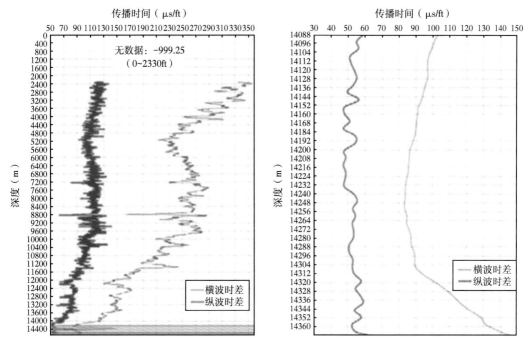

图 6.21　跟生产地层对应的声波测井传播时间

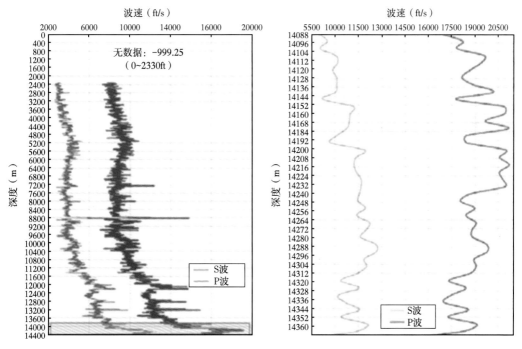

图 6.22　生产层位对应的横波速度和纵波速度

图 6.24 显示了动态方法确定的杨氏模量，该值往往偏高。这些值是用式（6.45）计算得来的。这表明密度大、地层压实程度中等情况下，会降低石灰岩的孔隙度。

在产层中，杨氏模量有所下降。一般分析认为，当出现裂隙、裂缝和孔洞时，这些

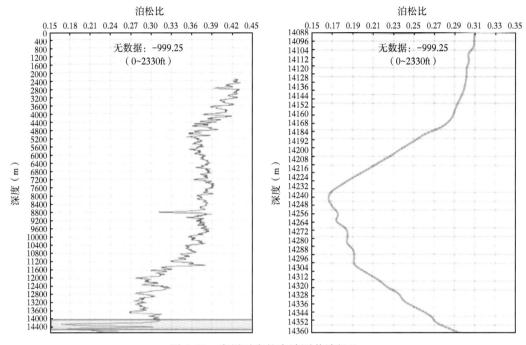

图 6.23　产层对应的声波测井泊松比

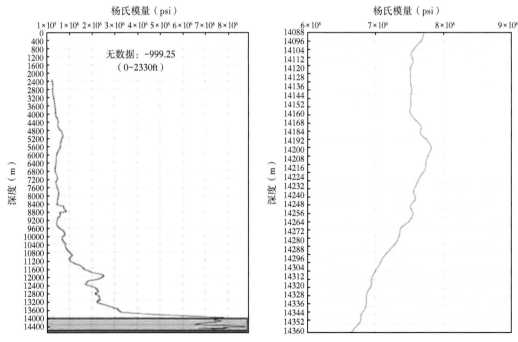

图 6.24　产层对应的声波测井杨氏模量

缝、洞的闭合会使得岩石随着施加在它上面动态应力的增加而更容易变形。在开采过程中，只有一部分力能有效地压缩地层中的固体和液体物质。因此，测得的弹性模量（杨氏模量）往往较低，而该石灰岩地层的压缩系数往往较高。

另外，如果裂缝滑动面彼此间没有滑动，则包含闭合构造裂缝地层的杨氏模量可能小于其固有杨氏模量（无裂缝情形）。这一假设可以解释产层中杨氏模量出现峰值的情况。

如果将岩石样本设定为相似的频率，则地球物理问题的条件是近似的。此外，样品中微小的裂隙也会影响结果。因此，地层和岩石样品中的次生孔隙解释了静态和动态测量之间剩余部分的差异。

表 6.7 至表 6.9 显示了储层性质、产层力学性质以及使用声波测井计算的波速。考虑到韦斯特加德解的应用，这些值可用来描述构造裂缝的坍塌情况。

饱和烃类岩石的硬度取决于外部施加的载荷的速度。当快速施加外力时，如果施加的应力快于流体压力能够传递出去的速度，则流体将负荷一些施加的应力，并且岩石相对更加坚硬表现出未泄压的特征。在典型的实验室应力—应变数据中经常观察到这种孔隙弹性特征。

表 6.7　油藏性质

样品	原始[a] 压力（psi）	压力[b]（psi）	温度（℉）	厚度（ft）	宽度（ft）	长度（ft）
油层	7680.60	3413.60	252	269	132	569

[a] 1973 年时的压力；

[b] 1998 年时的压力。

表 6.8　力学性质

样品	S_v（psi）	S_{Hmax}（psi）	S_{hmin}（psi）	泊松比	杨氏模量（kpsi）
油层	18017	17349	10223.35	0.26	8598.47

表 6.9　波速

样品	S_v（psi）	频率（kHz）	Δt_p（μs/ft）	v_p（ft/s）	Δt_s（μs/ft）	v_s（ft/s）
油层	18017	5	52.69	19051.71	91.77	10983.28

注：v_p—纵波速度；v_s—横波速度；Δt_p—纵波时差；Δt_s—横波时差。

静态模量和动态模量之间的差异可以通过压缩试验中恒定存在的非弹性应变分量来解释，而它在动态声学测量中则不存在。同样，不同的作者解释了这种差异是由于裂缝、裂隙、洞穴、薄弱平面和剥理面的存在而引起的，它与低超声波速度和低动态参数值有关（Al-Shayea，2004；Martínez-Martínez 等，2012）。

6.5　闭合或开启的天然水平裂缝

从工程的角度看，弹性无限大储层代表了横向延伸与厚度的比值无限大。当储层随厚度横向延伸时，水平应力将随着地层衰竭而减小，而垂直应力保持不变。

许多油藏在衰竭开发过程中，其水平应力比值变化范围为 0.5~0.7（Chan 和 Zoback，2002）。椭圆形包裹体模型（韦斯特加德应用）描述了 CAJB 油藏枯竭对裂缝变形的影响。

使用式（6.37）和式（6.40），以及表 6.7 至表 6.9 中列出的输入参数，考虑孔隙压力和有效应力，确定了裂缝宽度。有效应力（S_{eff}）由下式给出：

$$S_v = S_{eff} + \alpha p \tag{6.47}$$

式中，α 为比奥系数。

Biot（1941）提出了一个计算岩石固结系数的方程。该领域的其他学者还有 Bishop（1954）、Geertsma（1957）、Suklje（1969）、Nur 和 Byerlee（1971）、Lade 和 De Boer（1997）（Shimin 和 Satya，2013）。Biot 系数从接近 0 到 1 不等，这取决于多孔介质的性质，可以分别用干燥多孔材料的体积模量 K_s 和颗粒体积模量 K 来确定，C_s 和 C 是固体材料（颗粒）和骨架的压缩系数。由于固体材料和骨架的压缩系数相似，本书中比奥系数的取值为 1，这是一个公认的假设情形。

表 6.10 显示了长度小于地层长度（约 60%）的单一裂缝的计算压力结果。该计算压力值对应于裂缝开度为 0.056ft 时的孔隙压力和有效应力。如果计算压力等于上覆应力，则处于静态平衡，为无裂缝或裂缝完全闭合的均质地层。

表 6.10　单一裂缝开度和长度

样品	静平衡压力（psi）	计算压力（psi）	长度（ft）	宽度（ft）
单一裂缝	18017	14446.74	328.08	0.056

表 6.11 显示了使用原始储层压力确定的裂缝开度和长度。裂缝发生变形及其几何形状发生变化是有效应力趋向于平衡储层压降的结果。因此，裂缝开度减小，裂缝长度增加，同时也为集成研究诱导弹塑性变形提供了基本手段。

表 6.11　原始压力下的单一裂缝开度和长度

样品	静平衡压力（psi）	原始压力（psi）	长度（ft）	宽度（ft）
单一裂缝	18017	7680.60	514.7	0.018

表 6.12 显示了使用实际储层压力得到的裂缝开度和长度，不存在横向变形。裂缝开度大大减小。

通常，储层中存在裂缝网络。表 6.13 显示了由于压降而对裂缝开度产生的类似影响。在这种情况下，裂缝开度取决于其长度，即相对于其他裂缝而言，最短的裂缝将会闭合。

表 6.12　原始压力下的单一裂缝开度和长度

样品	静平衡压力（psi）	实际压力（psi）	长度（ft）	宽度（ft）
单一裂缝	18017	3413.60	328.08	1.9×10^{-6}

表 6.13　原始压力下的裂缝网络开度和长度

样品	静平衡压力（psi）	实际压力（psi）	长度（ft）	宽度（ft）
裂缝 1	18017	3413.60	328.08	1.91×10^{-6}
裂缝 2	18017	3413.60	180.45	1.41×10^{-6}
裂缝 3	18017	3413.60	32.80	6×10^{-7}

参 考 文 献

Al-Shayea, N. A. (2004). Effects of testing methods and conditions on the elastic properties of limestone rock. *Engineering Geology*, 74, 139−156.

Biot, M. (1941). General theory of three-dimensional consolidation. *Journal of Applied Physics*, 12, 155.

Bishop, A. W. (1954). The use of pore-pressure coefficients in practice. *Géotechnique*, 148-152.

Chan, A. W., & Zoback, M. D. (2002). Deformation Analysis in Reservoir Space (DARS): A simple formalism for prediction of reservoir deformation with depletion. Presented at the SPE/ISRM Rock Mechanics Conference, Irving, Texas, 20-23 October.

Chopra, S., & Castagna, J. P. (2014). In *AVO. Investigations in geophysics N° 16*. Tulsa, Oklahoma: Society of Exploration Geophysicsts (pp. 3-5).

Comisión Nacional de Hidrocarburos (CNH). (2013). Dictamen Técnico del Proyecto de Explotación Antonio J. Bermúdez (Modificación Sustantiva). Mayo (pp. 2, 44).

De Vedia, L. A. (1986). Mecánica de Fractura. Proyecto Multinacional de Investigación y Desarrollo de Materiales, OEA, Argentina (pp. 25-68).

Fong, A. J. L., Villavicencio, A. E., Pérez, H. R., et al. (2005). Proyecto Integral Complejo Antonio J. Bermúdez: Retos y Oportunidades. Presentado en el cuarto Exitep, CIPM celebrado en Veracruz, México, 20-23 de febrero.

Fossen, H. (2010). *Structural geology* (1st ed.). New York: Cambridge University Press.

García, M. (2010). *Notas de clase: Geomecánica Petrolera*. México: Posgrado en Ingeniería Petrolera. UNAM. D. F.

Geertsma, J. (1957). The effect of fluid pressure decline on volumetric changes of porous rocks. Petroleum Trans., AIME, 210, 331-340. (Original paper presented at AIME Petroleum Branch Fall meeting in Los Angeles, 14-17 October, 1956).

Guerrero, A. R., & Mandujano, S. H. (2014). Estrategias de Incremento de la Producción de Aceite en el Complejo Antonio J. Bermúdez: próximo reto después de lograr el mantenimiento de la producción. Ingeniería Petrolera (Vol. 54. No. 4, pp. 216-232).

Hardy, R., & Tucker, M. (1988). X-ray powder diffraction of sediments. In M. Tucker (Ed.), *Techniques in sedimentology* (pp. 191-228). Oxford: Blackwell Scientific Publications.

Jaeger, J. C., & Cook, N. G. W. (1971). *Fundamentals of rock mechanics*. London: Chapman and Hall.

Lade, P. V., & De Boer, R. (1997, February). The concept of effective stress for soil, concrete and rock. *Géotechnique*, 47 (1), 61-78.

Madrigal, L. R. (1974). Descubrimiento de Yacimientos Petrolíferos en Rocas Carbonatadas del Cretácico, en el Sureste de México. Boletín de la Asociación Mexicana de Geofísicos de Exploración. (Vol. XV, Núm. 3). Julio-Agosto-Septiembre.

Martínez-Martínez, J., Benavente, D., & García-del-Cura, M. A. (2012). Comparison of the static and dynamic elastic modulus in carbonate rocks. In *Bulletin of engineering geology and the environment* (Vol. 71, pp. 263-268). Springer.

Nolte, K. G., & Economides, M. J. (1989). Fracturing diagnosis using pressure analysis. In M. J. Economides & K. G. Nolte (Eds.), *Reservoir simulation*. NJ, Englewood Cliffs: Prentice Hall.

Nur, A., & Byerlee, J. D. (1971). An exact effective stress law for elastic deformation of rock with fluids. *Journal of Geophysical Research*, 32-39.

Saouma, V. E. (2000, May 17). *Lecture notes in fracture mechanics CVEN-6831*. Department of Civil Environmental and Architectural Engineering, University of Colorado, Boulder. Part III, Chapter 6 (Linear Elastic Fracture Mechanics) (pp. 1-28).

Schmitz, J., & Flixeder, F. (1993). Structure of a classic chalk oil field and production enhancement by Horizontal Drilling, Reitbrook, NW Germany. In: Spencer A. M. (eds) Generation, Accumulation and Production of Europe's Hydrocarbons III. Special Publication of the European Association of Petroleum Geoscientists, vol 3. Springer, Berlin, Heidelberg.

Shimin, L. , & Satya, H. (2013, October). Determination of the effective stress law for determination in coalbed methane reservoirs. In *Rock mechanics and rock engineering*. Wien: Springer.

Sih, G. C. (1966, March). On the Westergaard Method of Crack Analysis, Technical Report No. 1. Department of Applied Mechanics, Lehigh University, Bethlehem, Pennsylvania.

Suklje, L. (1969). *Rheological aspects of soil mechanics*. London: WILEY-INTERSCIENCE.

Terzaghi, K. (1923). *Theoretical soil mechanics*. New York: Wiley.

Timoshenko, S. P. , & Goodier, J. N. (1951). *Theory of elasticity (International Student Edition* (3rd ed. , p. 32). Tokyo: McGraw-Hill.

Westergaard, H. M. (1939, June). Bearing pressures and cracks. Bearing pressures through a slightly waved surface or through a nearly flat part of a cylinder, and related problems of cracks. *Journal of Applied Mechanics*, A-49-A-53.

Yin, H. , & Groshong, R. H. (2007). A three-dimensional kinematic model for the deformation above an active diapir. In *The American association of petroleum geologist*, *AAPG Bulletin* (Vol. 91, No. 3, pp. 343-363).

Zoback, M. (2007). *Reservoir geomechanics*. Cambridge: Cambridge University Press.

7 本书在石油工业中的适用性与效益

天然裂缝性碳酸盐储层开发面临着巨大的挑战，因为它们是一个复杂的流动系统，需要充分表征相互依赖的变量来描述影响流体流动的非均质性。因此优化提高碳酸盐岩油藏的产量和采收率需要综合地质、岩石力学和油藏动态多种因素，它们均包含在油藏综合表征当中。

围绕油田的静态、动态特征，集成裂缝力学、试井、岩石压缩性、储层类型、地质不连续体的流体动力学、生产动态和解析耦合模型等相关学科，制定先进的油藏开发策略，实现油田的高效开发。

图 7.1 显示了裂缝系统研究的工作流程，其主要目标是优化天然裂缝性碳酸盐岩油藏的开发策略。本书各章中介绍的工作流程集成不同学科领域，以便更好地进行数学模拟和做出预测，减少不确定性，从而在碳酸盐岩油藏的生命周期内尽可能预见和避免问题。

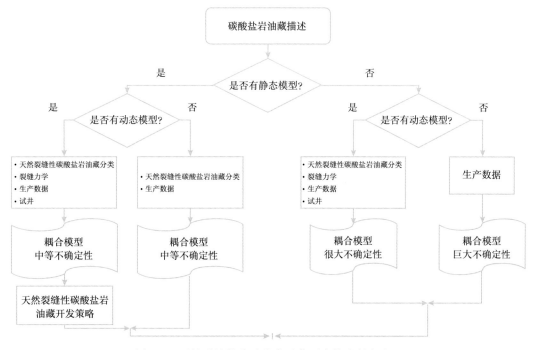

图 7.1 天然裂缝性碳酸盐岩油藏开发策略制定流程

开发方案需要对油藏进行解剖以加深认识，从而对油藏的特征和地质非均质性及油气流动进行预测和量化，这将有助于更好地实现保持地层压力进行开采。天然裂缝性碳酸盐岩油藏中的采收率是关于孔隙参数、基质—不连续体（裂缝、角砾）的连通程度、水体强度和基质润湿性的函数（Shulte，2005）。本书高效的工作流程和技术集成会带来不同的效果。

本书不仅探讨了天然裂缝性碳酸盐岩油藏（NFCR）策略优化流程，还讨论了如何改进现有的天然裂缝性碳酸盐岩油藏开发方法。此外，还有一些方面可用作理论基础或直接应用，见表7.1。该表提供了关于本书的研究范围及其在工业中的潜在应用相关信息，旨在促使油藏实现高效开发。

表 7.1　本书的适用性与效益

理想的评估参数	Conventional	Thesis
包括 NFCR 静态描述	Yes	Yes
包括 NFCR 动态描述	Yes	Yes
集成试井和生产数据	Yes	Yes
提高油藏产量	Yes	Yes
帮助制定 NFCR 开发高级策略	Yes	Yes
包括地震解释	No	No
建立 NFCR 随机模型	No	No
建立 NFCR 的离散裂缝网络（DFN）模型	No	No
NFCR 裂缝分布预测	No	No
NFCR 应力分布预测	No	No
描述 NFCR 连通性	No	Yes
描述 NFCR 原油流动	No	Yes
包括 NFCR 动态—静态描述	No	Yes
诊断主要的地质事件，例如角砾岩、裂缝、溶洞、洞穴	No	Yes
动态应力预测	No	Yes
描述与应力有关的岩石物理敏感性	No	Yes
油藏的整体分类	No	Yes
导流裂缝坍塌的确定	No	Yes

参 考 文 献

Shulte，W. M.（2005）. Challenges and strategy for increased oil recovery. Paper IPTC 10146 Presented at the International Petroleum Technology Conference，Doha，Qatar.

8 结论和建议

本书讨论了多孔介质中平面和非平面不连续体对流体流动的影响、储层分类方法、油藏衰竭过程中裂缝的力学特征变化规律、压力恢复响应特征以及适用于应力敏感和非应力敏感碳酸盐岩油藏的流体流动数学模型。本书所提出的数学模型为识别流动特征和地层应力敏感效应提供了借鉴。

根据研究结果，本书结论和建议如下。

8.1 结论

（1）对天然裂缝性碳酸盐岩油藏进行精确的地质描述，可以减少钻井遇到的问题，有利于优化油井增产措施以及更好地控制边底水锥进。

（2）随着天然裂缝性碳酸盐岩油藏生产，地层压力不断衰竭，会导致地应力偏转和大小的变化。

（3）随着天然裂缝性碳酸盐岩油藏生产，受上覆岩层压力影响，会导致地层中水平构造裂缝的闭合。

（4）在正断层区域，上覆岩层压力的过载可以改变天然裂缝性碳酸盐岩油藏的部分参数。

（5）在天然裂缝性碳酸盐岩油藏开发过程中，岩石力学性质、物理性质和流体的流动特性是随时间动态变化的，从已经泄油（生产）的岩石中获取的数据与完全饱和的岩石（原始生产状态）相比，参数差异很大。

（6）通过分析本书的解析模型、层析成像、露头和岩心观察资料，结果表明碳酸盐岩油藏中的不同类型的平面和非平面不连续体具有各自明显的代表性流动特征。断层角砾岩、构造裂缝、沉积角砾岩、溶洞和冲击角砾岩均具有影响石油生产的流动和地质模式，对流体流动特征产生影响。

（7）在天然裂缝性碳酸盐岩油藏中，岩心、测井、物质平衡计算、试井、岩石力学分析和生产测试数据之间得到的解释成果存在差异，这是由于裂缝性储层抗拉强度和内聚力低，在取心过程中只能得到储层中物性最差的部分，从而导致各专业认识结果不吻合。

（8）证明了溶洞、断层角砾岩和构造裂缝等类型的不连续体具有超高渗透率，而其他类型的不连续体（冲撞和沉积角砾岩）是储集空间。实际上，每个不连续体都是不同的，在不知道其地质成因和流动模式的情况下统称为构造裂缝是不严谨的。

（9）提出了适用于天然裂缝性碳酸盐岩油藏的静态、动态分类方法，即意味着对主要不连续体及其动态和静态特征可以进行有效识别。

（10）油藏变形对裂缝造成的影响在流体流动特征中起着重要的作用，特别是在压缩系数较低的系统中。

（11）天然裂缝性碳酸盐岩油藏中，集成静态、动态分类方法和裂缝力学模型，可以有效减少了地质建模、开采策略和油藏数值模拟方面的不确定性。

（12）本书最重要的结论之一：不连续体的成因不明确会导致天然裂缝性碳酸盐岩油藏的静态、动态特征与数值模拟结果和开发策略之间存在混淆和矛盾。

（13）由于断层角砾岩和溶洞（平面和非平面不连续体）是流动屏障最少的洞穴，它们的流体速度在所有不连续体之中表现出最大值。因此，正如油田现场资料表明含有连通溶洞的石灰岩油藏中的油井产量也相应较高。

（14）在没有断层角砾岩、溶洞、沉积角砾岩和构造裂缝情况下，石灰岩储层中的冲击角砾岩具有较低的流速，这是由于它们含有流动屏障（撞击飞出的碎屑）的结果。根据对其孔隙度和低渗透率分析，它们起到原生孔隙的作用。实际上这些冲击角砾岩的产量不会很高，必须与其他的地质事件叠加才能获得较高的产能。

（15）具有多个地质事件（角砾岩，裂缝和溶洞）并置的天然裂缝性碳酸盐岩油藏的产量很高。油井产量的高低取决于主要地质事件（溶洞、断层角砾岩和构造裂缝），而存储能力主要取决于其他地质事件（沉积角砾岩和冲击角砾岩）。

（16）分析对应非应力敏感天然裂缝性构造油藏中的不可压缩流体、单相流动的解析模型的结果，其线性解用于天然裂缝性碳酸盐岩构造油藏描述会存在误差。

（17）求解出一种非应力敏感天然裂缝性碳酸盐岩构造油藏中流体动力学的解析解。

（18）本书分析了在基质—裂缝间不发生流体交换的地层中完井后油井初始产量高的现象，阐述了油井产量在短时间内下降的过程和原因。

（19）分析非线性解表明，对于产量高、流速快的情况，需要对模型中的压力和流体流动进行校正。这就表明必须考虑扩散方程中的非线性项，从而正确地描述天然裂缝性碳酸盐岩油藏的非达西层流现象。

（20）研究结果表明，纳维尔·斯托克斯方程的精确解（即库埃特流动）不会低估天然裂缝性碳酸盐岩油藏中的压力和流体流量。

8.2 建议

（1）有必要基于考虑每种沉积环境或构造裂缝分布的不连续体来建立概念模型和数值模型。

（2）本书中研究的许多例子都是小规模的，建议解析模型多应用实际油田，以便认识到更多潜在问题。

（3）应该在天然裂缝性碳酸盐岩油藏的力学特性和地层水平应力方面投入更多的研究。

（4）应将应力敏感型储层的解析模型应用于逆断层和走滑断层区域，以分析的裂缝特征。

（5）在考虑裂缝在应力作用下发生的变形时，也要考虑裂缝的形态和粗糙度对渗透率和流体流动的影响。